奇想天外な目と光のはなし

眼睛的不可思議

解密眼睛結構與光線，一窺讓你意想不到的視覺奇蹟！

入倉隆 著
TAKASHI IRIKURA
黃詩婷 譯

晨星出版

前言

或許你正在想，我並不是一名動物學者，為什麼會撰寫這本關於動物所見的視覺世界以及眼睛機制的書籍呢？我是目前在大學的電機工程系進行研究的研究學者，主要負責「視覺心理學」，也就是光線在眼中的呈現方式以及感受方式。

在大學畢業後，我在位於東京三鷹的國立研究所研究航空照明。所謂航空照明，指的就是設置在機場跑道上的燈。我想大家如果搭飛機的時候應該看到過跑道旁邊亮起的燈吧，就是那些。

不管是晚上或者起了霧，機師都能在不迷路的狀況下找到跑道並且著陸、直直前進，正是因為有燈光照射出來的路線作為指標。能否從上空清楚看見跑道上面的燈光，對於身繫許多性命的機師來說是最重要的事情之一，而我們研究者就是負責調查亮度是否適當、從上空看下來會不會覺得刺眼等等，並且將這些資訊應用在實際使用方面。

由於這個緣分，我轉進大學部門以後，進入了橫跨心理學、光學、工程學領域的視覺心理學研究。

我在視覺心理學的研究中，發現了許多奇妙的事情。舉例來說，如果燈光不是照射地板或桌面而是照向牆壁，就會讓人覺得房間更爲寬敞。我探索著光線會給予我們什麼樣的心理效果，同時也詳細調查光線和顏色的特性、眼睛的機制等視覺心理學的基礎架構。並且除了人類的眼睛以外，我也開始對世界上各種動物的眼睛構造及特性產生了興趣。

人類會從物體的外觀讀取許多資訊。大家如果看到黃色成熟的香蕉飽滿的樣子，應該會覺得「好像很甜很好吃」。如果香蕉皮還是綠的，就會判斷「好像還沒有很甜」，然後放著等它變熟。如果看起來已經有點像是棕色，或許就會想著「唉呀，感覺好像太熟了，或許已經沒辦法吃了」而放棄享用那根香蕉。

人類的眼睛可以辨識出香蕉的顏色，感覺好像是理所當然的，其實若是眼睛不夠發達的話，根本辦不到。尤其是能夠像人類這樣有著高度色彩感覺的動物，即使是在哺乳類當中也非多數。

舉例來說，近在我們身邊的寵物貓咪和狗狗，眼睛裡用來識別顏色的感光細胞種類比人類少，所以很難辨別出紅色。據說，就算是在哺乳類當中也只有靈長類，才能夠辨識血液的顏色是「紅色」。

另一方面，一部分的動物看得見人類眼睛無法看見的光線或顏色。比方說，吸取花蜜的白粉蝶等昆蟲可以感知「紫外線」，所以能夠反射紫外線的花瓣，在牠們眼裡肯定比在人類眼中還要鮮明。也就是這樣，幾乎大部分動物都跟我們生存在不同的世界當中。

除此之外，目前已知光線本身對於我們的身體也有著巨大影響。舉個例子來說，如果我們白天都在非常陰暗的場所裡活動，跟我們待在明亮場所中的情況相比，在陰暗處度日的話，晚上會比較容易感受到寒冷。另外，我們常說紅色和黃色屬於「暖色」、藍色則是「冷色」，而實際上也有研究結果指出，我們的體感溫度的確會因為光線的顏色及強度而產生變化。

本書就是要介紹這些圍繞著光線和眼睛的不可思議、會令你大吃一驚的各種事實，也希望讀者能夠用嶄新的角度來看待原先覺得平凡無奇的世界，所以撰寫了這本書。具體來說內容結構大致如下。

chapter 1「眼睛的進化」當中會談論關於原先只能感受簡單光線的器官，是如何成為結構複雜的眼睛。chapter 2「看與被看之間」則是關於動物是掠食者還是獵物、牠們的移動速度等因素會造成眼睛的構造與機能產生什麼樣的差異。chapter 3「看不見的世界」裡介紹的是利用陽光巧妙存活的動物。chapter 4「可以看到何等程度？」談論的是小嬰兒在成長的同時，眼睛的機能會如何隨之發展；還有動物可以識別顏色到什麼程度等等。chapter 5「感受光線」一章中則讓我們來聊聊如何看見、感受顏色，還有除了視覺以外，光線還會產生哪些影響。

總之書中收集了很多我自己覺得「這個很有趣」的話題。還請與我一同探究眼睛不可思議的世界吧。

前言……2

chapter 1 眼睛的進化

section 01 「眼睛」的誕生與進化 14
section 02 複眼與單眼捕捉到的世界 19
section 03 複雜的透鏡眼如何形成 24
section 04 陸地上的眼睛、水中的眼睛 30
section 05 具備各式各樣功能的動物眼睛 35

chapter

2 看與被看之間

section 01 為什麼眼睛長在頭上？ 42

section 02 為什麼眼睛有兩隻？ 47

section 03 擅長溝通的人類眼睛 52

section 04 拓展視野的功夫 55

section 05 動作愈快的動物，視力愈好？ 61

section 06 動作慢的動物，眼睛會退化？ 64

section 07 能分辨些許色差的眼睛機制 74

section 08 移動中的東西看起來很醒目 80

chapter 3

看不見的世界

section 01 可以捕捉紫外線的動物們 86
section 02 人類也能感受到紫外線？ 92
section 03 使用紅外線來看見那些原本看不見的東西 95
section 04 利用偏光模式知道太陽位置 98
section 05 追逐光線、躲避光線 102
section 06 發光並且吸引過來 106
section 07 棲息在漆黑深海的動物也有眼睛的理由 109
section 08 用電來獵食 114

chapter 4

可以看到何等程度？

section 01 人類的視覺發達到什麼程度？ 122
section 02 慢慢習慣看到的世界 127
section 03 可以感覺到多遠？ 130
section 04 可以多快接收到感覺？ 135
section 05 調整光線量的瞳孔形狀 139
section 06 可以區分出多少顏色？ 144
section 07 看不見的顏色、感受不到的顏色 152

chapter 5

感受光線

section 01 將光線作為顏色來感受的機制 158
section 02 結構所打造出的複雜顏色 161
section 03 順應光線環境的眼睛機制 171
section 04 日光打造生活節奏 176
section 05 體感溫度會因光線顏色及強度而產生變化 183
section 06 光的方向會改變眩目程度 187
section 07 年歲增長後會如何感受光線？ 191
section 08 光線會讓眼睛變好？還是變差？ 196

section 09 跟著顏色變化的味覺 202
section 10 閉上眼睛的話，感覺會如何改變？ 205
後記 208
參考、引用文獻 210

chapter

1

眼睛的進化

生命是從何時起擁有「眼睛」的呢？動物的眼睛從原先只能感知亮度的器官，逐漸進化演變爲能夠區分顏色與形狀的高精密度「複眼」以及「透鏡眼」。讓我們看看眼睛發展成爲各式各樣型態的進化歷史吧！

section

01

「眼睛」的誕生與進化

感受光線的感光細胞

我們所居住的地球是在距今約四十六億年前誕生的。原先相當高溫的地表溫度下降以後，大氣中的水蒸氣便化爲雨滴降落到地面上，因此有了海洋。之後在大約四十億年前的太古海洋裡誕生了第一個生命體。那是單一個細胞構成的單細胞生物。

當時的地面因太陽會照射下大量有害的紫外線，並非生物能夠存活的環境。非常不耐乾燥的單細胞生物耗費長久歲月在海洋中持續進化，發展爲多細胞生物，並成爲植物與動物的祖先。然而光是要從單細胞生物進化爲多細胞生物，據說就花費了超過三十億年。

多細胞生物最古老的化石目前認定是生存於五億八千年前的埃迪卡拉紀，那是一種類似於海綿原材料的海綿動物，是沒有骨骼的軟體動物。因爲只殘留了微量元素的痕跡，所以沒辦法得知其身體細節構造，但很可能一直都在原地不會移動。當時的生物還沒有眼睛。

那麼，有「眼睛」的生物，是從何時開始出現的呢？

單細胞生物在進化至多細胞生物的過程中，出現了一些生物具有能夠感受光線強度的「眼點」。所謂眼點是藻類等原生生物細胞內的一種小點，是能夠感受光線強弱（明暗）的最原始視覺器官。

生物在成功進化爲多細胞生物以後，其中有些生物演化出精密度比眼點更高的「感光細胞」，也就是能夠感受光線的細胞。蚯蚓及蛆蟲等生物就是把一些感光細胞排列在皮膚表面上，用來感知光線強弱。只要能夠知道光線強弱，就可以移動到陰影當中來避免敵人看見自己，也可以移動到餌食豐富的水深區域。有了感光細胞以後，就能夠得到更正確的光線強弱資訊，讓該生物得以移動到對於自己更有利的地方去。

靠光線看見東西的機制

除了光線強弱以外，能夠區分出物體形狀的話就稱為「眼睛」。那麼，究竟生物是如何發展出能夠辨識出形狀的眼睛呢？

光線在空氣中、水中行進的時候，永遠都是直線前進（光的直線傳播），如果光線從空氣行進到水中這種兩者折射率不同的環境，那麼就會在交界面上改變行進方向（光的折射），這是光線的性質。而眼睛的運作機制就與光線的「直線傳播」及「折射」這兩個性質有關。

眼點和感光細胞知道光線「大概落下來多少」，也就是只能夠感知明暗，之後藉由拉開並列的感光細胞之間的距離，或是感光細胞所處位置的皮膚表面凹陷等變化，讓生物能夠得知光線「是從哪邊過來的」。這是由於光線具有直線前進的性質，如果感光細胞之間有距離或者表面凹陷的話，就只能捕捉到來自某個方向的光線，換句話說，就會知道光線是從哪一邊來的。細胞之間拉出間距的就是昆蟲身上的「複眼」（參照十九頁），而進化爲表面凹陷的則是蝸牛或鸚鵡螺身上的「杯狀眼點」（參照二十四頁）或「針孔眼／暗箱眼」（參照二十四頁）。

目前世界上具備眼睛的最古老生物，據說是寒武紀（五億四千一百萬年～四億八千五百萬年前）生活在海洋裡的節肢動物三葉蟲。這是由於從化石觀察到的三葉蟲，大部分種類看起來都有著與現代昆蟲幾乎相同的複眼構造的眼睛。

針孔眼之後又更上一層樓進化爲人類和鳥類擁有的「透鏡眼」（參照二十六頁）。皮膚上整片感光細胞排排站的狀態就稱爲「視網膜」。透鏡眼就是在視網膜上蓋了透鏡，讓光線折射後把影像投射在視網膜上。只要能夠辨識出物體的形狀，就可以避開原先可能會撞上的障礙物，或者逃離那些正往自己靠近的敵人。眼睛發展爲可以利用光線的直線傳播與折射性質，清楚辨識出物體形狀的器官。

具有最古老眼睛的三葉蟲

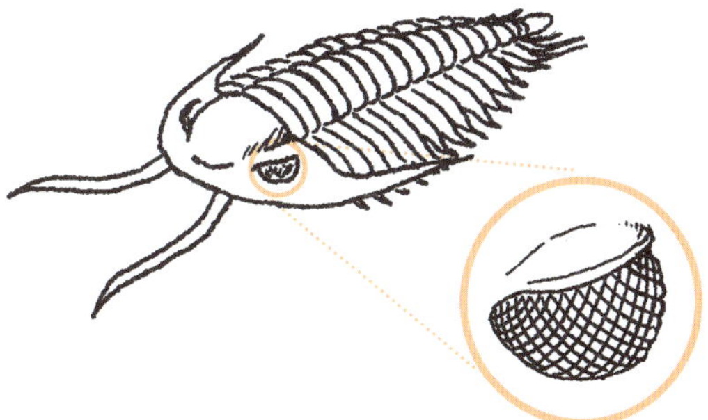

被認為與昆蟲幾乎相同的複眼結構眼睛

眼睛在弱肉強食時代中的進化

之後大陸棚淺灘處開始出現掠食動物，世界一口氣陷入兇猛的弱肉強食時代。爲了要捕捉會動的獵物，就需要高精密度的眼睛。另外，被捕捉的獵物爲了要能夠發現敵人時就馬上逃跑，也需要眼睛。

結果就是掠食動物及獵物都爲了活下去，而像比賽一樣想辦法讓自己的眼睛更加進步。從只能感受到光線強弱的眼點，進化到可以區分物體形狀的高精密度眼睛，目前研究認爲只花了大概五十萬年。以生命歷史四十億年來看，眼睛的進化實在是在非常短暫的時間內一口氣完成。而如此迅速的眼睛發展，據說就是造成「寒武紀大爆發」的原因之一，讓動物有了多樣化進化的契機。

在弱肉強食的寒武紀時代誕生的眼睛大致上區分爲兩個系統。也就是昆蟲及甲殼類等節肢動物的「複眼・單眼」；以及魚類、鳥類、哺乳類等脊椎動物的「透鏡眼」。在下一個section開始，我們就來看看最具代表性的這兩種眼睛各自有什麼樣的特徵。

section

02

複眼與單眼捕捉到的世界

幾乎環視三百六十度的複眼

首先讓我們來看看可說是昆蟲眼睛最具代表性的「複眼」吧。複眼是許多小眼有如蜂巢般聚集成一個眼睛，然而其小眼的數量卻非常龐大。

舉例來說，蒼蠅約有四千顆小眼，蜻蜓則有兩萬顆小眼。把蜻蜓的複眼放大來看的話，可以知道球狀表面上的小眼毫無縫隙緊密排在一起。每個小眼都有透明凸透鏡般的眼角膜，下面大概有七～八個感光細胞。球面上密集的小眼透過眼角膜，各自捕捉來自角度方向

複眼結構的蜻蜓眼睛

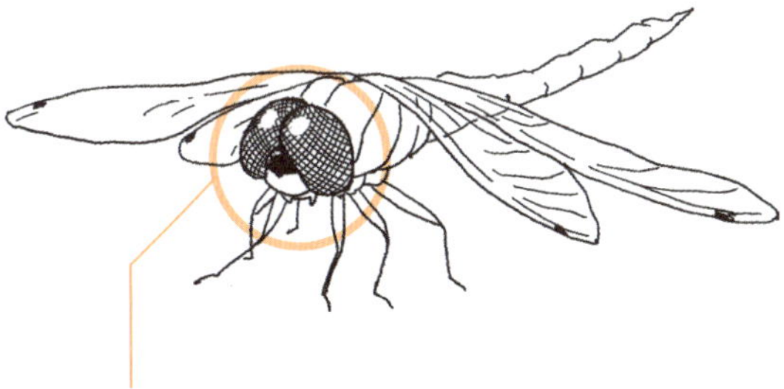

約有兩萬個小眼
排列在球狀表面上

有些許差異的光線。用這樣的方法，牠們的每顆小眼會各自打造出一個畫素，然後在腦中整合這些資訊，用這樣的方法形成一個完整的景色，這樣的結構被稱爲並置眼。

凸出爲球狀表面的複眼，特徵是視野非常寬廣。尤其是蜻蜓或螃蟹那樣眼睛凸出的話，幾乎可以環視三百六十度。如果想要抓蜻蜓或螃蟹，就算從後方靠過去，牠們也會馬上跑掉，正是因爲其實牠們根本就可以看到自己後面的東西。

不過，複眼的視野雖然寬廣，解析度卻非常低，昆蟲的視力只有人類眼睛的幾十分之一以下。爲了要稍微提高一點視力，所以昆蟲的小小身體才會有著相對來說非常大的眼睛。比方說，蜻蜓的眼睛就占據了頭部的一半以上。這是因爲眼睛大一點就能增加小眼的數量，藉此提高解析度。

複眼在看周遭景色的時候雖然模模糊糊的，不過在捕捉運動中物體這方面可就比人類高明許多。

人類的眼睛可以感知到一秒內閃爍四十次左右的光線，但是蒼蠅就連一秒內閃爍一百四十次以上的光線都能夠感知。對於動態視力相當優秀的蒼蠅來說，想打蒼蠅的人類動作在牠的眼裡，可能就像是慢動作一樣吧。

明暗敏感度較高的單眼

昆蟲除了複眼以外，還有被稱爲「單眼」的眼睛，會有三顆在頭上排列成三角形。單眼與構成複眼的小眼有著類似的透鏡，但因爲焦點沒有對在一起，所以沒辦法形成單一影像。雖然沒有辦法捕捉物體的外形，然而對於明暗變化的敏銳度卻變得比較高。這是由於單眼擁有的感光細胞比複眼更多，因此收集到的資訊可以提高敏銳度。

昆蟲一整天活動的開始與結束時間，會以牠們單眼確認的光線明暗來決定。實際上，如果把習慣白天活動的昆蟲單眼遮起來，牠們就會很晚才發現天亮了而慢了一步開始活動，而且活動結束的時間也會比平常早。

單眼的功用並不僅止於此。神經纖維比較粗的單眼，資

運用3個單眼來捕捉明暗的排列組合

昆蟲會經常性用單眼確認「飛行的時候是否有讓明亮的天空在上、陰暗的地面在下」，調整自己飛行中歪斜的姿勢

訊傳達速度也比較快。昆蟲會用排列成三角形的三顆單眼得到的明暗排列組合，正確捕捉地平線的位置，藉此盡快重整飛行時被打亂的姿勢。說起來其實就是經常性用單眼去觀察明暗變化，確認飛行的時候明亮的天空在上、陰暗的地面在下。昆蟲的高強飛行能力是依靠單眼才能辦到的。

擁有八顆單眼的蜘蛛

也有像蜘蛛這種只具備單眼的生物。蜘蛛的身體是由頭胸部與腹部兩個部分構成，頭胸部上有八隻腳和八個單眼。我們就以蠅虎（跳蛛）來作爲範例，一起看看蜘蛛的單眼特徵。

蠅虎不會像一般的蜘蛛那樣結網，而是在地面上走來走去並捕捉蒼蠅等小型昆蟲來吃。八顆眼睛排成三排，第一排是兩顆巨大的前中眼與兩顆前側眼。第二排是兩顆後

蠅虎的八個單眼

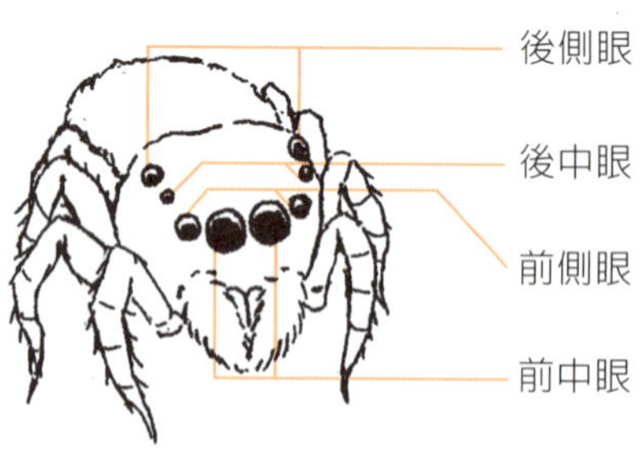

中眼，第三排則是兩顆後側眼。其中側眼的視野非常廣闊，四顆側眼都幾乎可以環視三百六十度。

另外，蠅虎對於運動物體的敏銳度也非常高，能夠瞬間捕捉到可能成爲餌食的小型昆蟲等物體的動作。相較於擅長感知快速動作的昆蟲複眼來說，蠅虎則是利用側眼來偵測到被當作餌食的蒼蠅或者夥伴蜘蛛的步行等這類「緩慢動作」。

由這點看來，蠅虎的側眼應該有著接近人類眼睛周邊視野（參照五十七頁）的功用。另一方面，蠅虎的前中眼則相當於人類眼睛的中心視野（參照五十七頁），主要負責識別形狀及顏色。人類的中心視野和蜘蛛的前中眼視野都非常狹窄，因此人類會頻繁轉動眼球來盡可能拓展視野，而蠅虎動的則不是眼球而是讓視網膜左右挪動，將視野拓展到五十度左右來看東西。

section

03

複雜的透鏡眼如何形成

打造清晰影像的眼睛

接下來就看看我們的眼睛，也就是所謂的「透鏡眼」吧。相對於凸出成球面的複眼，將凹陷處擴大並且繼續發展的就是透鏡眼，結構上最適合清晰捕捉物體外形的眼睛。

對於生物學有極大貢獻的《物種起源》作者達爾文在思考動物進化問題的時候，似乎也相當煩惱脊椎動物有透鏡眼這件事。這是因爲若是認爲生物是經由自然抉擇而演化的話，透鏡眼實在是過於複雜又近趨完美。

那麼，透鏡眼究竟是如何進化成如此複雜形態的呢？

在略略凹陷的皮膚表面上並排好幾個感光細胞，這樣的狀態被稱爲「杯狀眼點」。因爲打造出凹陷，所以打到感光細胞上的光線位置就會產生些許變化，如此一來就能夠捕捉到光線方向。

而在初期的時候只能勉強感受到光線方向的眼睛，隨著感光細胞數量增加、凹陷變深以後，就能夠捕捉到更正確的光線方向。蝸牛的杯狀眼點就是這種類型的眼睛，除了光線方向以外，還能夠形成略略粗糙的影像。凹陷更深、光線入口縮得愈小，聚焦在視網膜上的影像也就愈來愈清晰而不再模糊。

杯狀眼點→針孔眼→透鏡眼的進化過程

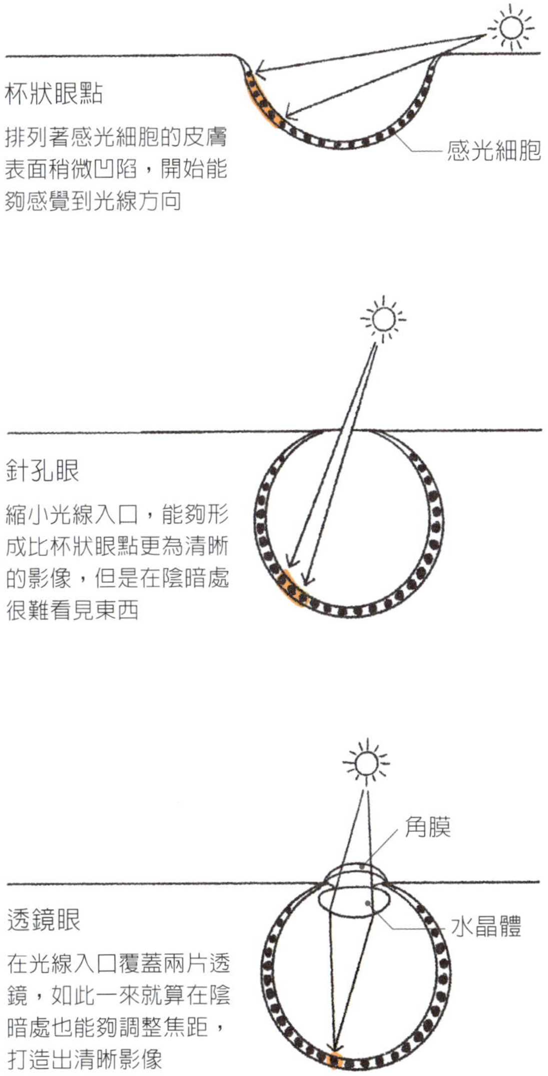
杯狀眼點
排列著感光細胞的皮膚表面稍微凹陷，開始能夠感覺到光線方向
感光細胞
針孔眼
縮小光線入口，能夠形成比杯狀眼點更為清晰的影像，但是在陰暗處很難看見東西
角膜
水晶體
透鏡眼
在光線入口覆蓋兩片透鏡，如此一來就算在陰暗處也能夠調整焦距，打造出清晰影像

之後感光細胞的數量繼續增加，凹陷也變深到逐漸成爲洞窟的形狀，就能夠捕捉到比杯狀眼點更爲清晰的影像。這是在鸚鵡螺等動物身上可以看到的「針孔眼」。光線入口縮小就能夠清晰看見東西這件事情，可以用相當簡單的方法確認。

如果拿針在紙上開個洞，然後裸眼從那個洞去看東西，就算是近視的人也能夠清楚看見遠方景色，而老花眼的人看距離很近的文字也會變得非常清楚。道理就在於射入眼睛的光線被限定在視網膜上非常狹窄的範圍，因此影像就不容易模糊掉。

不過光線入口縮小以後，能夠抵達視網膜的光線量也會比較少，所以在陰暗處就很難看見東西。針孔眼的缺點就是爲了得到明亮影像必須擴大針孔，結果影像會因此變得模糊，同時因爲透過針孔與外界接觸，所以感光細胞很容易受傷。

提高視力的透鏡眼

爲了解決這些問題，在針孔眼入口覆蓋兩片透明薄膜，就形成了人類的眼睛「透鏡眼」。透鏡眼外側的薄膜是「角膜」，內側的薄膜則是「水晶體」，角膜的功效是讓外面射進來的光線產生折射，而水晶體則能改變自身厚度來精密調整光線折射，使對好焦的影像投射在視網膜上。以透鏡眼來說，就算光線入口擴大，水晶體也能夠調整焦距，所以一樣可以形成清晰的影像。另外，擴大光線入口就能讓更多光線射入，就算是在陰暗的地方也可以清楚看見東西。

與複眼相比，透鏡眼的特色就是視力甚佳。複眼是每個小眼都有角膜，但因爲小眼之間是被隔開的，所以沒辦法排列太多感光細胞。然而透鏡眼只有一個角膜，而且也沒有什麼隔間，所以視網膜上可以排滿感光細胞。複眼的一個小眼上大概只有七～八個感光細胞，然而人類的眼睛在感光細胞最密集處，光是一平方公厘裡面就擠了幾百個感光細胞。而同爲透鏡眼之中，視力比人類更好的鳥類，牠們的視網膜上感光細胞的密度就更高了。

具有兩百顆透鏡眼的扇貝

螺類雖然有簡單的眼睛，但像蛤蜊那種雙殼貝類一般來說是沒有眼睛的。以蛤蜊來說，牠們是從入水管吸取的水當中把浮游生物過濾下來吃掉，因爲不需要自己去捕獵食物，所以應該也不需要眼睛。

然而，一樣是雙殼貝類的扇貝卻有非常多眼睛，數量多達八十~兩百顆。扇貝是貝殼大小約二十公分的大型雙殼貝類，在被稱爲裙邊的外套膜邊緣，上下排滿了大小大約一公厘左右的小小眼睛。

扇貝的眼睛是透鏡眼，具備角膜、水晶體與視網膜，但是和人類眼睛的結構大不相同。以人類來說，是用角膜與水晶體等凸透鏡讓光線折射後，投影到透鏡後方的視網膜上，藉此辨識出物體的顏色和形狀，然而扇貝是讓光線穿過透鏡後，直接通過視網膜，從視網膜後方的「凹狀反射板」將光線反射回來以後，重新投影在視網膜上來看見東西。

這和我們發射到太空中的哈伯太空望遠鏡結構相同。一般的望遠鏡是結合許多透鏡製作而成，然而太空望遠鏡卻是用凹面鏡代替透鏡。凹面鏡前方有入光口，進入望遠鏡的光線會先穿過入光口、一路來到凹面鏡。凹面鏡的表面正如其名是凹狀，所以反射的光線會集中在入光口的一點上，形成影像，這就是它的結構。

爲什麼太空望遠鏡要使用凹面鏡呢？這是爲了避免使

扇貝眼睛的位置

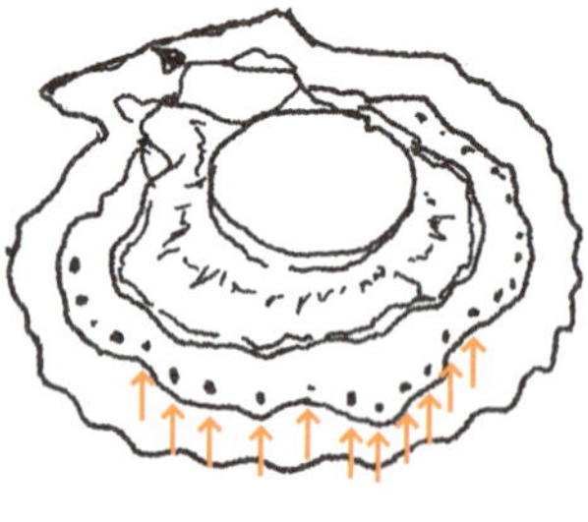

裙邊上大量的黑點就是扇貝的眼睛

用透鏡來形成影像的時候產生色差（由於光線顏色的焦點各異，造成影像模糊或者顏色暈開來的現象）的問題。凹面鏡沒有使用透鏡，因此能夠製造出沒有色差的大型望遠鏡。

我們再把話題稍微拉回扇貝的眼睛。扇貝是使用視網膜後方的凹狀反射板來將光線聚集在眼睛裡，所以即使在陰暗處也能夠看見東西。如果有這麼多透鏡眼，感覺應該能跟人類看到差不多的東西，甚至能看得更清楚吧？但實際上牠們沒辦法看到非常細節之處。

相對地，扇貝對於運動中的物體敏銳度非常高，如果敵人靠近、周遭變暗的話，就會氣勢十足噴水逃命，又或者立即把貝殼闔上。扇貝的視力雖然不是很好，不過畢竟有將近兩百個眼睛，就算是在海底或者岩石之間那些光線非常少的地方，也能夠監視大約兩百五十度寬敞的視野範圍。

扇貝眼睛的結構

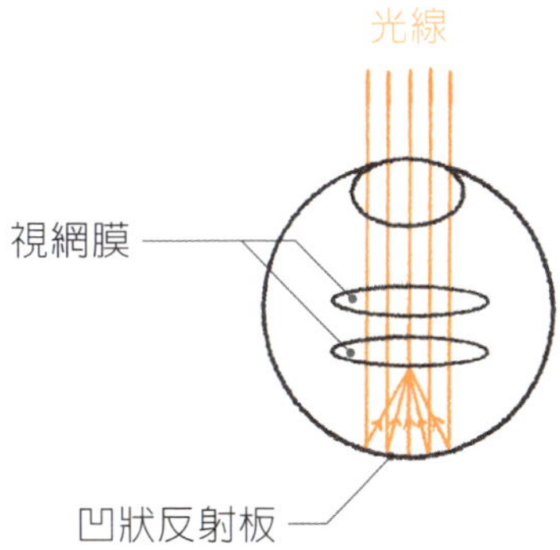

光線穿過透鏡之後又穿過視網膜，並經由後方的凹狀反射板反射回視網膜上形成影像

section

04

陸地上的眼睛、水中的眼睛

在水中會影像模糊的理由

陸地上與水中環境大不相同。在陸地上生活的動物們，爲了在空氣中看到東西，因此眼睛會進化爲適合這個環境的樣子。如果沒有戴泳鏡就在泳池裡游泳，那麼泳道線就會看起來模糊不清，這是因爲人類的眼睛結構並不適合在水裡面看東西。那麼，爲何在水裡看東西就會一片模糊呢？

我們在看東西的時候，抵達眼睛的光線當中有三分之二會被最前方的角膜給折射，剩下的三分之一會在水晶體被折射。看向遠方的時候，眼睛會讓水晶體的透鏡變薄，縮小光線折射率；看近處的時候就會加厚水晶體的透鏡來放大光線折射率。也就是說，水晶體會根據物體的遠近來變更厚度，藉此達到對焦的效果。

另一方面，在最表層的角膜則是根據外在環境來改變光線折射率。與空氣接觸的時候會讓光線折射率變大，然而在水中幾乎不會折射。這是由於角膜的折射率比空氣大很多，但幾乎跟水的折射率相去不遠。既然折射率差不多，那麼光線就根本不會折射，於是在水裡變成沒辦法對到焦點。因此在水裡看東西就會非常模糊。

這時候能幫上忙的東西就是泳鏡。在角膜周遭用泳鏡打造出一片空氣層，如此一來，角膜就能夠讓光線充分折射，我們在水裡也就能看清楚東西了。

在水中也能看清物體的魚眼

魚類的眼睛和人類相同，是透鏡

透過水晶體進行遠近調整

看近物的時候

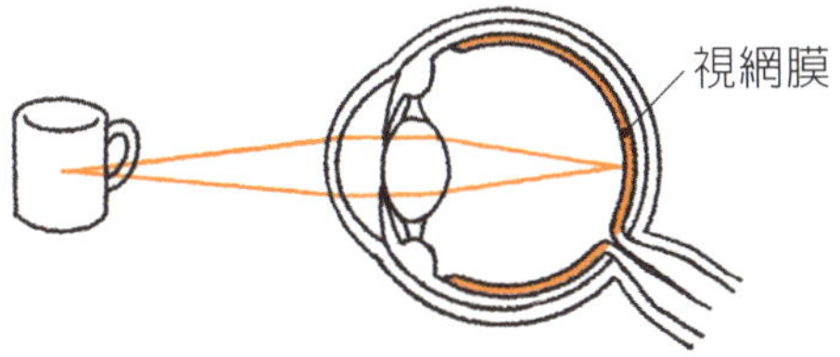

水晶體會變厚來放大光線折射率

看遠方物體的時候

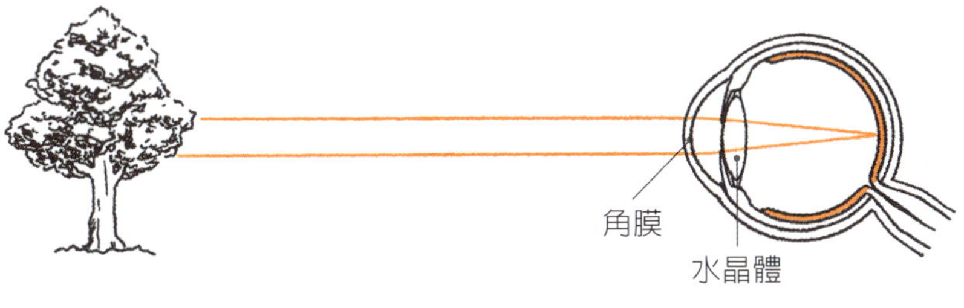

水晶體會變薄來縮小光線折射率

眼。然而，在水裡游泳的魚類沒有泳鏡，是怎麼樣看東西的呢？

魚類爲了在水中也能清楚看見東西，角膜不太會讓光線折射。取而代之的是牠們的水晶體非常厚，這樣就能夠大幅折射光線。如果讓水晶體的厚度達到最大，就會接近球體。大家應該看過煮魚或烤魚的眼睛裡面有一顆白色的球吧？那個就是魚的水晶體，在煮熟以前是透明的。這個球形眼睛能夠大幅折射光線，所以就算不跟人類一樣在角膜前方打造出一層空氣，也能夠在水中清楚看見東西。

但是，正因爲魚類的水晶體是球形的，所以沒辦法跟人類眼睛的水晶體一樣改變厚度。因此就跟相機調整焦距的方法一樣，要讓透鏡前後移動來達成對焦的目的。看近物的時候就讓透鏡離視網膜遠一點，看遠方的時候就讓透鏡靠視網膜近一點。

順帶一提，如果是會在陸地上，也會在水裡活動的動物，例如烏龜或鸕鶿等，牠們的眼睛又是如何呢？牠們具備可以在空氣中與水中自由自在改變水晶體形狀的水陸兩用特殊眼睛。在光線不容易折射的水裡，牠們會使用名爲虹膜括約肌的特殊肌肉按壓水晶體的一部分，讓水晶體變厚，由於曲折度非常大，這樣一來就能夠讓光線比較容易折射。

四眼魚的奇妙透鏡

南美洲的亞馬遜河裡，有一種被稱呼爲四眼魚的奇妙魚類。實際上牠的眼睛只有兩個，但爲什麼會有這樣的奇怪名稱呢？正如下圖所示，牠在游泳的時候，眼睛上半會高過水面來看著水上，而下半部則看著水裡。

由於有這樣水陸兩用的特殊眼睛，所以不管是從空中來攻擊牠的鳥類、或者從水中接近牠的敵人，都會同時被發現。這是非常驚人的能力。那麼牠的眼睛到底是什麼樣的結構呢？

同時看水中與水上的四眼魚

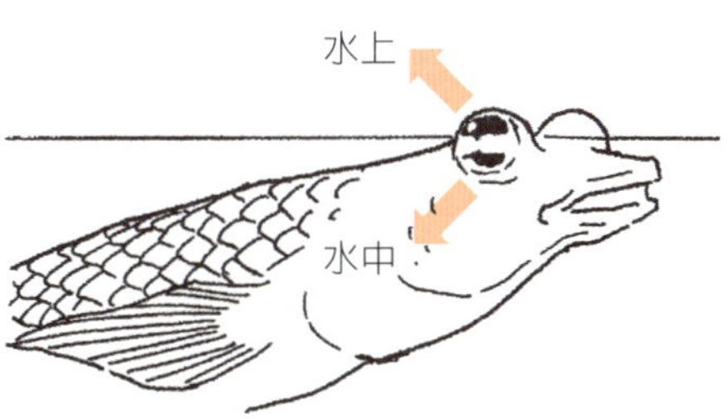

上面的瞳孔看水上、下面的瞳孔則監視水中

仔細看看四眼魚的眼睛構造，會發現一顆眼睛裡面居然存在著空氣中用與水中用的兩個瞳孔。也就是說，這種魚其實是有四個瞳孔。

人類在看近物的時候，爲了讓光線折射率大一點，所以會加厚水晶體來調整焦距。另一方面，四眼魚則不需要特地改變水晶體的厚度，而是牠的水晶體本身就是歪斜的形狀。

如左圖，從空氣中的瞳孔進入的光線很容易折射，所以水晶體的曲率就比較小（圓弧度比較小），到視網膜的距離也比較短。而從水中進入瞳孔的光線很難折射，爲了讓光線容易折射，所以水晶體的曲率也比較大（圓弧度比較大），抵達視網膜的距離也比較長。然後，分別經由空氣中瞳孔和水中瞳孔進入的光線，會各自在不同的視網膜上形成影像。

我們無法得知牠的腦中是如何處理這兩項資訊的，不過想來四眼魚應該會在大腦中整合兩筆資訊，將水上與水中架構爲一個連續的影像吧。恐怕是因爲處在天敵數量龐大的亞馬遜地區，所以才能進化爲如此複雜的眼睛。動物爲了適應生活環境而做出的進化實在是沒有極限呢！

四眼魚的水晶體結構

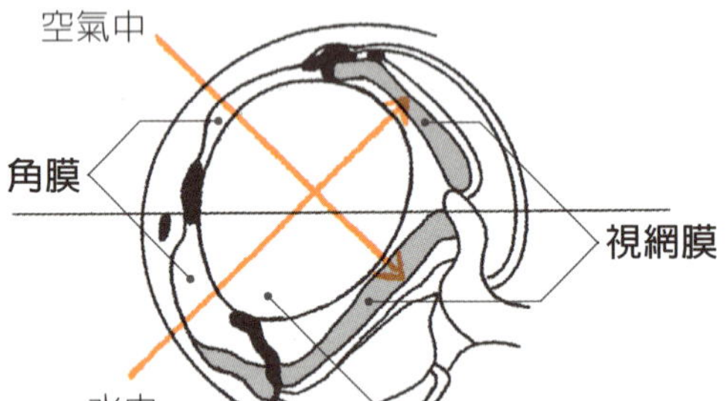

從空氣中的瞳孔進入的光線很容易折射，所以水晶體的曲率就比較小，到視網膜的距離也比較短；而從水中進入瞳孔的光線很難折射，所以水晶體的曲率比較大，抵達視網膜的距離也比較長

section

05

具備各式各樣功能的動物眼睛

有第三隻眼的喙頭蜥

在進化的過程中，誕生了形形色色的眼睛型態。這一節我們要介紹的是除了看東西以外還具備其他機能、眼睛相當特殊的生物。

一部分的兩棲類生物和爬蟲類生物，頭上有所謂的「顱頂眼」，也就是第三隻眼。棲息於紐西蘭小島上，體長約六十公分左右的喙頭蜥就是其中一種。

喙頭蜥是可以生存超過一百年的長壽蜥蜴，由於與兩億年前左右的爬蟲類非常相似，因此被稱爲是一種「活化石」。喙頭蜥在出生大約半年後，顱頂眼會被鱗片覆蓋，因此從外貌上來說是看不到這隻眼睛的。而顱頂眼雖然也有透鏡和視網膜，然而據說頂多是能夠感受到光線而已。

乍看之下顱頂眼似乎是已經退化、根本無法發揮什麼實際上的功效，但牠們的顱頂眼如果受了傷，就會回不了巢穴，因此可以猜測應該是作爲能夠知道方向的太陽羅盤使用。所謂太陽羅盤是一種能夠靠著感知光線方向並從太陽的位置判斷出方位的能力，蜜蜂在回巢穴的時候（參照一〇〇頁）或者候鳥移動時都會使用這個能力。就像是昆蟲的單眼，雖然沒有辦法看到景色，但這第三隻眼可是具備了生存上所需功能的眼睛。

喙頭蜥的顱頂眼

雖然沒有辦法感受到影像，但是能夠感知光線，推測應該可以用來判斷方向

沒有腦部的箱型水母的眼睛

在水族館很常見的水母大多看上去非常美麗，而且牠們優雅游泳的樣子非常夢幻又療癒人心。但是大家知道水母的眼睛在哪裡嗎？

就以箱型水母作爲範例來講解吧。箱型水母正如其名，是一種箱子形狀的水母，外貌看起來非常美麗，但是身上帶著劇毒。箱型水母的傘狀下方有四個感覺器官，當中各有六個（也就是全部共二十四個）視覺器官。其中有兩個甚至具備水晶體和視網膜，所以應該可以認知物體的形狀，然而水母並不具備中樞神經，也就是腦部，所以我們並不知道牠們實際上可以看到什麼程度的東西。

不過，因爲牠們會對光線和動作產生相當大的反應，而且擁

箱型水母的感覺器官中的視覺器官與平衡囊

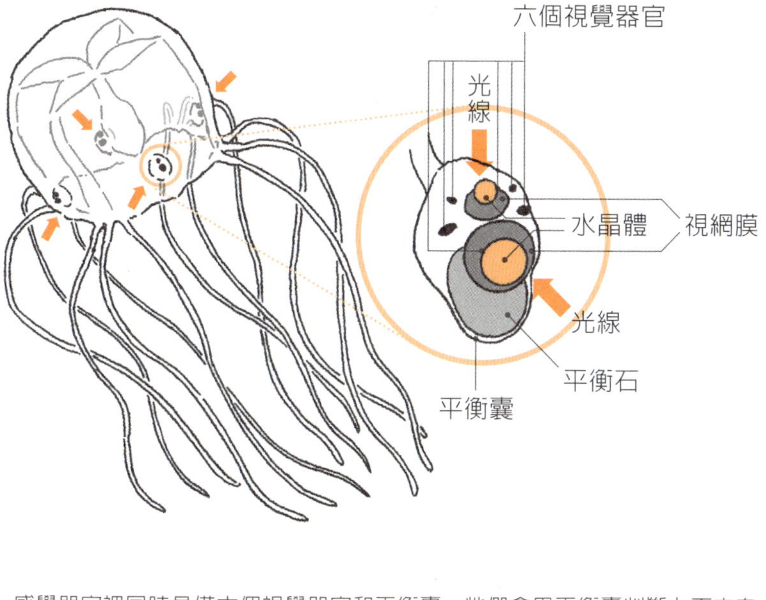

單一感覺器官裡同時具備六個視覺器官和平衡囊，牠們會用平衡囊判斷上下方向，並且以具備水晶體及視網膜的兩顆眼睛來確定身體方向

有秒速兩公尺的速度，行動非常迅速，可以追逐小魚等物體。

爲什麼牠們能夠這樣大幅度游動呢？這是由於箱型水母的感覺器官裡，有個與視覺器官共存的器官叫做「平衡囊」，功用就和人類耳朵裡面的平衡感覺器官一樣，負責取得身體平衡。而在這個平衡囊裡面，有個被稱爲平衡石、受到感覺毛覆蓋的石頭，身體傾斜的時候，平衡石就會移動並且刺激到感覺毛，如此一來就會知道身體的方向。

實際上，在無重力狀態的太空船當中讓水母游泳的話，就會因爲平衡石無法發生作用，而使牠們失去方向感覺，結果一直在原地打轉。人類在上太空的時候也會發生太空動暈，這是由於視覺看到的位置資訊與平衡感覺提供的情報兩者並不一致的關係。

平常箱型水母會用平衡囊判斷上下方向，同時以具備透鏡和視網膜的兩隻眼睛來確定身體方向。而在兩隻眼睛當中，上方的眼睛會觀察水面的影子、下方的眼睛則能感知水中的障礙物或獵物。不具備中樞神經的箱型水母無法整合這些資訊並且加以處理，因此才會讓視覺器官與平衡囊同處在一個感覺器官裡頭，依據平衡囊獲得的資訊，讓具備水晶體與視網膜的兩隻眼睛能夠被調整到朝著一定的方向。

chapter

2

看與被看之間

在弱肉強食的時代，掠食動物與獵物像是比賽一樣讓自己的眼睛進化。爲了保護自己不受來自上空或水中的敵人傷害、爲了更有效率地尋找食物，牠們因而提高視力，甚至獲得了欺瞞敵人視覺的技術。就讓我們來看看這些動物出乎意料的「生存戰略」吧！

section

01

爲什麼眼睛長在頭上？

眼睛是察覺危險的感應器

因爲這件事情過於理所當然，所以我想大部分的人都沒有想過這個問題吧，爲什麼動物的「眼睛」是長在頭部呢？

這是由於眼睛如果位於身體位置最高的頭部，視野會比較寬闊，對於掠食動物來說比較容易發現獵物。另外，對於獵動來說也能夠早點發現敵人、趕快逃跑，所以眼睛位於高處在生存上會比較有利。而且眼睛在行進方向上處在最前面的位置，也能夠盡快捕捉到情報。

也就是說，眼睛是爲了逃離天敵而具備的「危險察覺感應器」，擔任相當重要的角色。

話說回來，具備脊椎骨的脊椎動物的頭部還具備了感受氣味的嗅覺器官以及感受味道的味覺器官。爲什麼這些東西全部聚集在頭部呢？這是因爲能夠從食物有沒有奇怪的氣味、稍微舔一下可以知道有沒有危險的味道等，快速從視覺情報以外的感覺來確認安全性。

從視覺、味覺以及嗅覺獲得的資訊會各自轉換爲電位訊號，透過神經系統交由腦部去處理。因此，感覺器官比較發達的動物爲了加快速處理資訊，牠們的感覺器官就全部都放在腦部旁邊。

實際上用眼睛捕捉到資訊以後，到腦部產生反應爲止的時間，以人類來說大約會發生〇．〇三～〇．〇四秒的延遲。如果眼睛和腦部距離更遠的話，這個延遲時間就會變得更加漫長。另外，人類的眼球大約伸出了一百萬條視神經與腦部連結，如果眼睛和腦部的距離比現在更遠，也會對身體造成非常大的負擔。

也就是說，讓用來察覺危險的感覺器官與腦部接近一點的動物，能夠更加有效處理資訊，可以提高自己的生存機率。

用前腳確認味道的蒼蠅

相對於脊椎動物的味覺、嗅覺等感覺器官都集中在頭部，昆蟲則是全身遍布著味覺器官與嗅覺器官。比方說，蒼蠅在觸角與嘴巴的附近有嗅覺器官，嘴巴、腳尖、翅膀邊緣、產卵管上則是都有味覺器官。

也就是說，蒼蠅只要碰一下東西就會知道那個東西的味道。這是由於蒼蠅在空中飛來飛去反覆移動，在嘴巴去碰之前就用腳尖去碰食物、捕捉其味道的話，能夠比較有效率地尋找要吃的東西。蒼蠅會經常做出摩擦前腳的動作，就是爲了幫感受味道的器官保持乾淨。

味覺器官分布在全身的蒼蠅

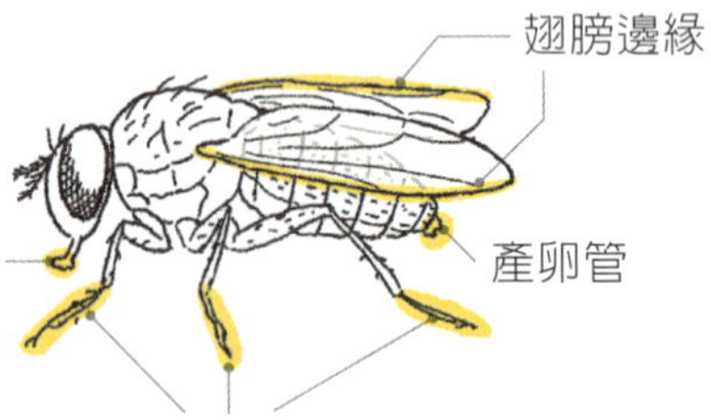

蒼蠅在嘴巴、腳尖、翅膀邊緣、產卵管上具有味覺

與蒼蠅前腳相同，章魚的吸盤上也有能夠感受味覺的器官。雖然不同品種的章魚會有些許差異，不過章魚每隻腳有大約兩百個吸盤，會先用該處確認捕捉到的獵物口味以後才開始享用。在大約五億個神經細胞之中，約有三億個集中在八隻腳上，這樣一想就能得知對章魚來說，牠們的腳有多麼重要了吧。

蝸牛的眼睛是知覺集合體

到了梅雨時期很常會看見蝸牛，在日本童謠的歌詞中也經常唱到，牠們的頭頂有「角」。這是被稱爲「觸角」的感覺器官，但是大家知道這個器官有什麼樣的功用嗎？

蝸牛的觸角具備類似人類的眼睛和手的功用。蝸牛與蛞蝓一樣是棲息於陸地上的腹足綱動物，有殼的是蝸牛、沒有殼的就是蛞蝓。如果非常靠近觀察牠們，就會發現蝸牛和蛞蝓的頭部有大小兩對共四根觸角。長長往前方伸的是大觸角、下面小小的就是小觸角，而大觸角前端就有小小的眼睛。

這對眼睛因爲凸出來，所以乍看之下會讓人覺得蝸牛的視力應該很好吧？但其實蝸牛的眼睛不怎麼發達，頂多就是能感受到明暗，根本無法分辨形狀。不過蝸牛是夜行性動物，所以就算看得不太清楚也不會對日常生活造成妨礙。蝸牛在移動的時候，會用大觸角感覺前方是否有障礙物。小觸角則是用來感受味道及氣味的器官，由於眼睛不夠發達，所以小觸角對於蝸牛了解稍遠地方的狀況來說相當有幫助。

這樣看起來蝸牛和蛞蝓的觸角具備相當多感覺器官，但神奇的是，就算觸角被切斷了，也只要花幾個星期就會復原，是相當可怕的再生能力。除了觸角以外，就算是腦部受傷也能夠恢復原狀，這是與人類大不相同之處。

以動物來說，據說是否能夠再生，端看牠們在生活上該器官有多容易受傷。人類如果皮膚受傷的話，也能夠很快痊癒；骨頭就算斷了，也還是能夠接回去，然而腦部或眼睛一但受傷就無法完全復原。蛞蝓和蝸牛的觸角因爲往前延伸得很長，所以可能相當容易受傷，因此才會有著與人類不同的超高再生能力。

section

02

爲什麼眼睛有兩隻？

用兩隻眼睛測量距離的掠食動物

話又說回來，爲什麼位於頭部的眼睛會有「兩隻」呢？這是由於有兩隻眼睛，影像就會產生立體感，如此一來就可以測量出與對方之間的距離。單一隻眼睛得到的情報只能用來判斷物體外型（輪廓），無法掌握立體感。

獅子與貓之類的肉食性哺乳類動物，以及鳥類、爬蟲類等掠食動物的眼睛都位於身體正面。這些動物左右兩眼形成的影像會

利用視差打造出立體影像

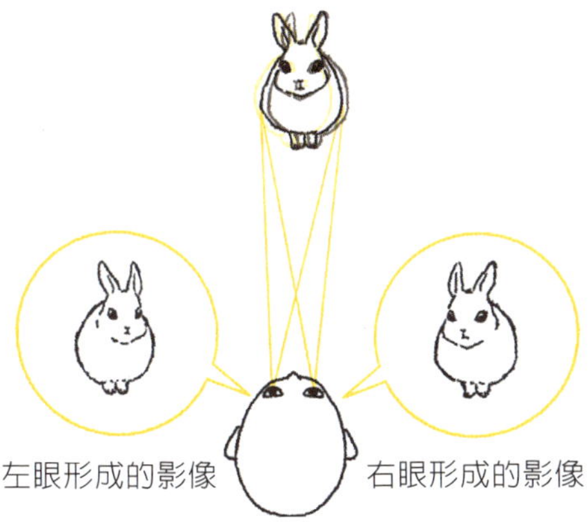

物體在左右兩眼形成的影像會有些許差異，
所以東西會看起來是立體的

有些許差異（視差），這讓眼前的物體看起來會是立體的，這樣才能判斷自己與獵物之間的距離。尤其是在與對象之間的距離大約在十公尺之內，重疊左右眼視野就能夠得到景深和距離等資訊，這相當有用。

猿猴等靈長類動物不太會下到危險的地面，通常只在樹上吃果實之類的食物過活，爲了要正確得知跳到另一棵樹時樹木之間的距離，眼睛也是在身體正面。而我們人類和猿猴一樣身爲靈長類動物，雖然在日常生活中或許不太會注意到這件事情，但我們也是靠左右眼睛形成的影像有著些許差距，才能讓比較近的物體看起來是處於立體空間。

爲了要體驗這點，大家可以試著閉上一眼來玩接球。只有單眼應該非常難抓到與球之間的距離，結果就是一直接不到球吧。

耳朵與眼睛一樣是一對的感覺器官，而且它們朝向左右兩邊不同方向，所以我們可以從傳來的聲音大小和及抵達左右耳的時間差判斷出我們與對象的距離。

特別是眼睛在正面因而視野狹窄的人類和獅子等，會利用聽覺來掌握眼睛所不及的範圍的資訊。另外，也可以靠著聲音的回聲性質來得知障礙物的位置以及材質等周邊環境資訊。感覺器官因為有兩個，就可以從其中的些許差異來獲得更加複雜的資訊。

用兩隻眼睛來拓展視野範圍的被掠食者

相對於眼睛在正面的肉食性動物，斑馬等草食性動物的眼睛是在頭部的側面，可以環視大約三百四十度的寬廣範圍。也就是說，除了正後方以外的地方，牠們幾乎都能看見。以逃跑速度相當快的草食性動物來說，與其明白與敵人之間的距離感，還不如拓展視野範圍，只要看到敵人就馬上逃命，反而更能提高存活機率。

肉食性動物與草食性動物的視野差異

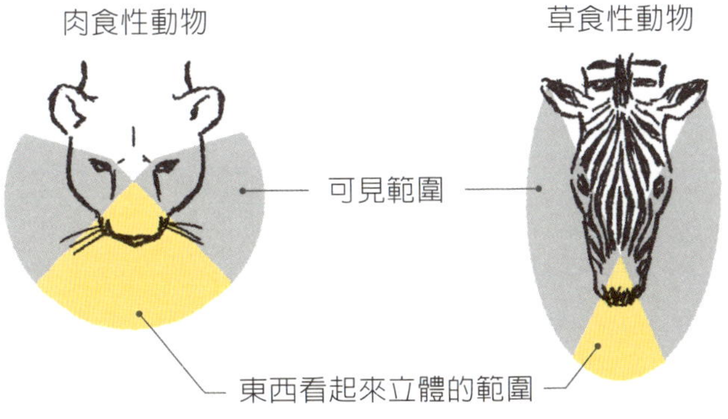

肉食性動物可以看見的範圍非常狹窄，但是東西看起來立體的範圍比較寬
草食性動物可以看見的範圍比肉食性動物寬，但是東西看起來立體的範圍比較狹窄

另外，也有左右眼睛看往不同方向來拓展自己視野的特殊動物。比方說，非洲和南亞等地棲息在樹上的小型爬蟲類變色龍。牠們的左右眼獨立，可以前後上下轉來轉去，同時看到不同的方向。

而且變色龍的眼睛是凸出來的，所以幾乎可以確認全方位的景色。如果待在樹上的話，獵物或敵人都會從四面八方出現，可以用來防備敵人攻擊。而變色龍在尋找獵物的時候也會讓左右眼分別轉動，監視比較寬廣的範圍，一旦找到獵物以後就會讓左右眼同時看往相同的方向，使視野重疊。

接著，牠們就可以和人類一樣，靠著左右眼所見影像的些許差距，來測量出自己與獵物之間的距離，並且一邊進行擬態，一邊縮短兩者之間的距離，直到獵物進入射程範圍就伸出那具有強大黏性的長舌頭，瞬間捕捉獵物吞下。變色龍可以說是活用肉食性動物與草食性動物兩者眼睛優點到最大極限的動物。

只有單眼的防盜攝影機

如前所述，眼睛有兩隻的優點非常多，但也不一定就是有兩隻會比較好。比方說路上的防盜攝影機的「眼睛」就只有一顆。

這是由於防盜攝影機是固定的，不需要與對象物體之間的正確距離資訊。另外也不需要能夠環視三百六十度的寬廣視野。與其讓攝影機有兩隻眼睛來拓展視野範圍，還不如在其他地方也裝一台防盜攝影機，還更能收集大量必要資訊。

近年來的自動駕駛技術也為了測量與前車或障礙物之間的距離，結合能夠得到影像資訊的攝影機與測量距離用的紅外線雷射。這也是單純因為與其裝兩台攝影機，還不如加上紅外線雷射更能簡單測量出距離。

因此我們可以得知，根據需要的狀況，不一定就是有兩隻眼睛會比較有效率。

section

03

擅長溝通的人類眼睛

眼瞼打造出多樣化表情

由猿猴進化而來的人類，就算從樹木下到地面來居住，如今眼睛仍然是朝向正面。據說這可能是因為集團進行狩獵的時候，必須知道自己與獵物之間的距離。而且就算是背後有危險逼近，以人類來說也可以使用語言來溝通，藉此迴避危險。

在俗話中有許多句子提到「眼睛比嘴巴會說話」，還有「眼睛映照出心靈」等等，都顯示出眼睛非常容易表現情緒。就像是要表現出這點，人與人的溝通當中，眼睛的確是負責相當重要的工作。

舉例來說，我們可以把眼睛睜大或者瞇起來，光是靠著眼瞼的開合方式就能夠做出相當多樣化的表情。讀取表情變化，就可以得知對方的情緒。另外，還有眨眼睛的方式及次數等，目前已知在溝通當中也有相當重要的功用。

根據大阪大學的中野珠實博士的研究指出，說話者通常都會在說話的斷點眨眼睛，而在說話者眨眼睛之後，聽話者延遲〇·二五～〇·五秒後眨眼的比例相當高。也就是說，聽話者會下意識讓自己配合說話者眨眼睛，藉此達成與其他人圓滑溝通的效果。我們下意識做的眨眼睛動作，並不單純是防止眼睛乾燥，同時也具備了提高共感的效果，這點還挺令人吃驚的呢。

讓人看到眼白的生存戰略

擅長溝通的人類的眼睛最大特徵，就是從外面可以直接看見眼白。眼球最外側的白色部分叫做「鞏膜」，光線無法通過。順帶一提，光線會從眼球正面的透明角膜通過，然後抵達角膜內側、一般稱爲黑色眼珠的部分，這個部份包含了「虹膜」以及「瞳孔」。虹膜伸縮可以改變瞳孔的大小，這個結構可以調整眞正進入眼球內的光線量。

眼睛的構造與名稱

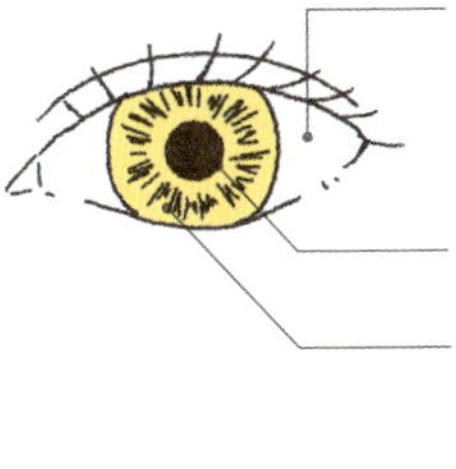

貓狗等與人類一樣具備眼白的動物非常多，但幾乎都無法從外觀看見眼白的部分。這是由於有眼白的話，就會被敵人發現自己的視線方向看向哪裡，相當不利於生存競爭。然而，爲什麼我們人類卻進化成能看到眼白呢？這應該是由於能夠清楚看見視線方向比較好與夥伴之間交換情報、共享情緒，如此一來，能使溝通更加圓滑。

人類在對話的時候，會讓自己的視線轉向與對方視線一致的方向，下意識做出與對方看著相同對象的動作。如此一來，就能用言語以外的部分來順暢溝通想法。另外，因爲看得見眼白，情緒表達也會變得比較豐富，與對方的心靈距離也會縮短。比方說，可以透過讓人看見更多眼白部分來做出驚訝的表情、把視線撇到一邊表現出感覺無聊的情緒等等。還可以用視線來告知夥伴們方向，在集團狩獵時能幫上很大的忙。與其一對一作戰取得優勢，人類選擇的是與夥伴協調之後一起生存的道路。

我們爲了活用人類眼睛的特徵，在對話的時候好好看著對方的眼睛是非常重要的。如果視線一直飄開，就很難表達出自己的心情、也沒辦法確實掌握對方的思考。人類的眼睛在非語言溝通上是必要的工具。

section

04

拓展視野的功夫

能夠看清楚的只有視線方向的東西

平常我們會覺得好像視野範圍內的東西都有好好看到，但其實我們能看清物品細節的，只有在非常侷限的範圍內。所謂視野是指不動眼睛就能夠看到東西的範圍。使用相機的時候，如果沒有使用柔焦功能直接拍照，除了畫面中心以外，周邊也都能夠清楚拍出來，但我們肉眼能夠看清楚的，就只有視線方向。

讀書的時候也是一樣，視力好到能夠辨識文字的，只有視線方向的部分。也就是說，我們一次能夠閱讀的只有幾個文字而已。因此我們會將視線朝向打算閱讀的文字列，讀完之後再將視線移動到下一列，反覆做這個動作。現在各位在讀這篇文章的時候，大約每〇．三秒就要移動一次視線。

若視線偏移十度左右，能夠看清細節的能力也就剩下十分之一，也就是視力會急遽下降到剩下〇．一～〇．二左右。大家可以在手掌上放一顆排球，然後把手伸直。排球大小正好就在視線方向的十度以內。如果看著排球正中心，那麼排球周遭的風景就會看起來非常模糊不清。

就算覺得自己能好好看到視野角落的東西，其實也只能看到視線前方一小部分的細節而已。

另外，我們也會覺得好像視野整體都有看到顏色，但其實能夠辨識顏色的範圍也很有限。能夠清晰辨識出顏色的只有視線的三十度範圍，更

能夠看見物品細節部分的範圍

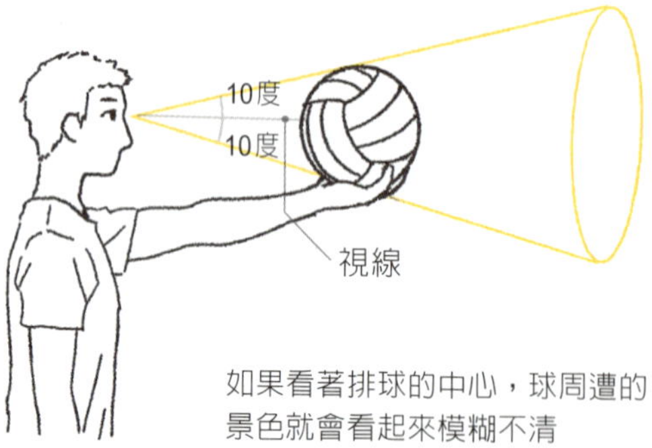

如果看著排球的中心，球周遭的景色就會看起來模糊不清

人類的視野範圍

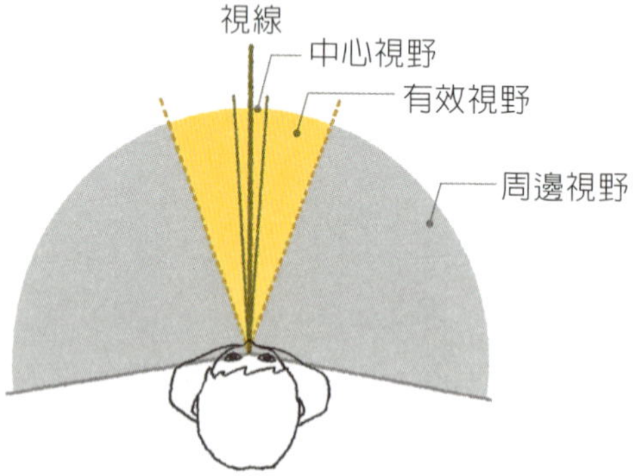

觀看對象的顯眼程度會讓有效視野產生巨大變化

遠處的顏色就幾乎看不到。視線範圍的三十度大概是使用桌上型電腦時的螢幕大小。

也就是說，我們的視野邊角視力非常差，看起來幾乎等於是沒有顏色的世界。

視線方向附近視力良好的範圍稱爲「中心視野」，除去中心視野的視野整體是「周邊視野」。人類左右眼總共可以環視水平方向約兩百度，但中心視野只有當中大概幾度而已。

動態變化的有效視野

雖然沒辦法像中心視野那樣看清物品細節，但是可以將必要的物體（目標物）從其他東西（雜訊）當中辨識出來的範圍，就是「有效視野」。如果注視著某件東西，就會很難看見那個東西的周圍，有效視野也會變狹

調查有效視野寬度的圖片

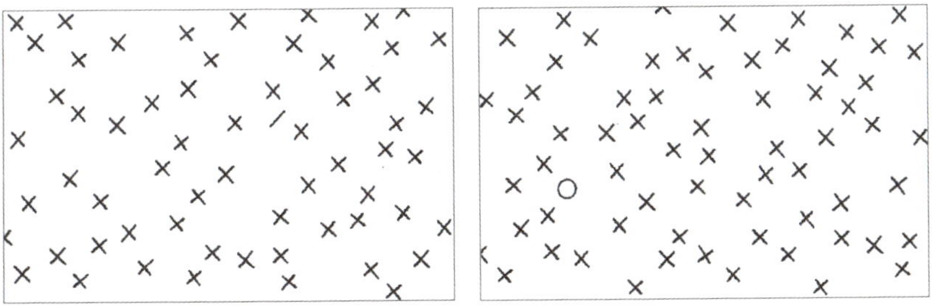

與在「×」當中尋找「/」相比，在「×」當中尋找「○」會比較容易，有效視野也比較寬

窄。同時，若是目標與雜訊愈是相似，有效視野就愈小。

比方說，第五十七頁下圖左邊這樣要從形狀相似的「×」當中尋找「/」，還不如像右邊圖片這樣從「×」當中找出「○」會比較容易。這時候有效視野也會變寬廣，大概是視線展開十五度左右。

因此有效視野的寬度會跟對象物體有多顯眼、看的人是否疲累、注視的方法等等產生巨大變化。

開車的時候也是一樣，雖然看起來是一直看著前方，但其實視線並沒有完全靜止，而是一直在移動。爲了安全駕駛，除了前方以外，也必須要從各種方向取得情報。因爲會下意識看向道路標示、紅綠燈、行人、腳踏車、對向來車、路面等等，所以長時間開車很容易造成眼睛疲勞引發意外。發生交通意外的原因之一，應該就是因爲疲勞造成有效視野縮小。

事實上目前已知開車兩小時以後，有效視野就會縮減二〇％。因此開車開到覺得疲勞以前，就要適當休息讓有效視野恢復正常。

轉動脖子來改變視線的貓頭鷹

如果使用眼動儀來調查人類在日常生活中，視線會有什麼樣的動作，會發現我們的視線比自己想像中的還要忙碌地靈活轉動。比方說走路的時候、或者看書的時候，我們的視線方向在一秒內就會變更三次。如此劇烈的視線變動，人類是怎麼做到的呢？

人類的眼睛可以讓眼球上下左右轉動來改變看東西的方向。如果眼球不轉的話，那麼每變更一次視線就得要轉一次頭。人類可以不轉頭就改變視線，是使用眼球外側共六條肌肉的「眼外肌」來讓眼球旋轉。

另外，爲了讓眼球能夠流暢轉動，眼睛一定要是球形。就像是東京巨蛋的天花板維持球形的方法一樣，人類的眼睛是眼球內側壓力比外側稍微高一些，這樣才能維持球形。

另一方面，貓頭鷹的眼睛是葫蘆那樣歪曲的形狀。貓頭鷹是夜行性動物，所以眼睛非常大，因此

轉動脖子來改變視線的貓頭鷹

必須將眼珠固定在眼窩（盛裝眼球的頭蓋骨凹陷處）裡面才行。

仔細觀察貓頭鷹，會發現牠們不轉動眼珠，而是把脖子扭來扭去看東西。人類的脖子只能轉動大概六十度左右，但是貓頭鷹的脖子可以轉到正後方再多九十度，也就是可以轉動大約兩百七十度左右。貓頭鷹的頭部非常輕，所以能夠非常快速地轉動脖子，但這對人類來說是非常困難的動作。所以大腦發達的人類選擇進化為轉動眼球來改變視線。

section

05

動作愈快的動物，視力愈好？

從上空看獵物的老鷹

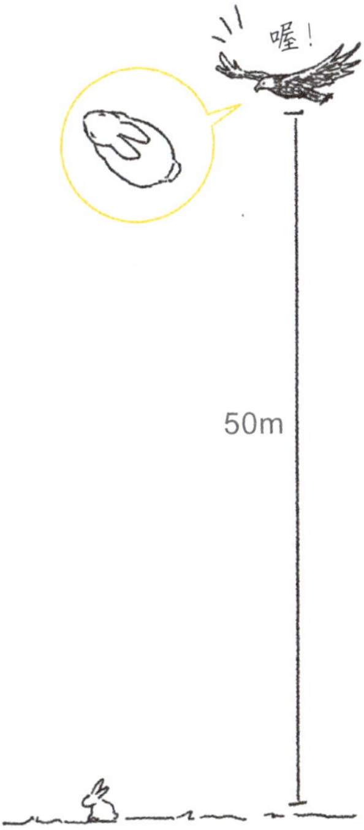

老鷹具備從50公尺上空清楚辨識出地面約3公厘的東西，視力相當良好

擁有超級視力的老鷹眼睛

一般來說，能夠愈快速移動的動物，視力也就愈好。猛禽類生物老鷹的視力據說就有人類的二・五倍，大約為五・〇。而視力五・〇有多強呢？就是從高度五十公尺上空也能夠辨識出地面上大約三公厘左右大小的東西。因此牠在上空當然能夠輕鬆看見小鳥、老鼠或者魚類等。

發現獵物以後，老鷹就會用時速三百公里的速度俯衝下來捕捉獵物。這些屬於猛禽類生物的鳥類視力會這麼好，是因爲與頭部大小相比，牠們的眼睛實在非常大，而且視網膜上的感光細胞和神經細胞數量也遠比人類多上許多。

動態視力優越的蒼蠅眼

其他能夠迅速飛行並盤旋的昆蟲，牠們的眼睛雖然不太適合看細小的東西，但是對於動作則相當敏銳。這是由於和透鏡眼相比，複眼更能快速將照射到感光細胞上的光線變換爲電位訊號。

舉例來說，光線在一秒內閃爍約四十次，人眼還可以辨識的出來，但更快的話，只要光線有足夠亮度，就會看起來一直都是持續亮著的。相對於此，蒼蠅能夠辨識出一秒約一百四十次閃爍。也就是說，一秒內閃爍約一百次的螢光燈，在人類的眼中看起來是維持一定亮度的光源，但是在蒼蠅的眼裡應該會覺得燈光不斷閃爍。由於昆蟲能夠如此敏銳捕捉到動作，所以才能夠從天敵眼前逃走。

能夠辨識到的閃爍頻率速度稱爲「閃光融合閾值」，單位是赫茲。蒼蠅的閃光融合頻率大約爲一百四十赫茲，而飛得比蒼蠅還快的蜻蜓有一百七十赫茲，比蜻蜓更快的蜂類則爲兩百～三百赫茲。移動上相對緩慢的螞蟻則和人類差不多，一樣是四十赫茲左右。

因此就算一樣是複眼，一般來說動得比較快的昆蟲，閃光融合閾值也會比較高，對於動作的感知比較敏銳。

section

06

動作慢的動物，眼睛會退化？

不依靠眼睛的生存戰略

動作快的動物有眼睛發達的傾向，那麼動作慢的動物又如何呢？

生物從寒武紀花費幾億年漫長時間進化的過程中，眼睛也是配合生活環境而發展出來的。爲了要存活下去，並不一定需要非常高精密度的眼睛。只要擁有能夠辨識出物體外形的眼睛就足以在發現敵人後馬上逃跑、也能盡早發現可以當成食物的生物並且捕獲，但這些都是以「快速行動」作爲前提的進化模式。

無法快速行動的動物，就算發現敵人或者獵物也沒辦法馬上移動，就算有好到不行的眼睛也幫不上什麼忙。因此，與其讓眼睛發達，還不如讓自己變得與周遭環境相似，學會不要太過起眼的擬態能力，或者用毒物來保護自己等等，選擇其他型態的生存戰略。

比方說，動作緩慢的水母或者海膽的眼睛就不太發達，但是漂浮在水裡的水母爲了不讓敵人看見自己，身體根本就是透明的；海膽則用許多尖刺包裹自己，讓自己不容易被捕食。另外，看起來像是植物的珊瑚其實也是一種叫做珊瑚蟲的動物，雖然沒有眼睛，但是牠們用堅硬的骨骼來保護自己不受敵人傷害。

黏住以後就失去視力的藤壺

由於要維持高精密度的眼睛，會對身體帶來相當大的負荷，因此也有些動物是在成長階段中讓眼睛逐漸退化。我們常在海邊或防波堤上看到那種外殼形狀有點像富士山的藤壺，牠們就沒有眼睛。藤壺的黏著力非常強，一旦固定在某個地方以後就無法移動，也就不需要眼睛了。

取而代之的是，爲了在不移動的情況下也能找到繁殖對象，牠們總是群聚生活。藤壺不單只會附著在天然的岩石上，也會固定在船隻等人造物體。如果附著在船底，就會減緩船隻速度，相當浪費燃油，因此船業相關人員都不太喜歡牠們。

而藤壺剛從卵中孵化的時候，其實在前方觸角附近有一顆單眼，可以自由轉動。牠們會在水中移動並且不斷脫皮成長，長到成爲「幼體」之後，單眼的左右就會長出一對複眼。這對複眼的結構和昆蟲的複眼相同，牠們會用這對眼睛來尋找能夠在夥伴附近黏附的地方。

藤壺的習性是從殼釋放出紅色螢光，讓其他夥伴知道自己的所在地，所以在水中飄浮的藤壺幼體比較喜歡黏附在紅色的地方。

也就是說，藤壺在某個時期都還具備有能夠辨識出顏色的高度視覺，但是黏附在岩石等處以後，因爲不再需要移動，所以眼睛就退化到幾乎看不見東西。

不過退化的眼睛還是可以感受到光線強弱。視力居然會隨成長階段喪失，動物的生存戰略實在非常深奧。

藤壺的「幼體」

幼體具有喜歡黏附在紅色地方的性質

改變身體顏色的鳳蝶

大多數動物爲了避免被掠食者捕食，都會讓身體顏色符合生活環境。像是變色龍會根據周遭景色來改變身體的顏色，還有鳳蝶的幼蟲會讓自己維持隱蔽顏色的「擬態」。不管是哪種動物，牠們的擬態技術都非常高明，才能在嚴苛的自然環境中生存。

那麼我們就來看看具體來說能讓牠們隱身的擬態是什麼樣子吧！

鳳蝶的幼蟲會依據成長階段來改變身體顏色以保護自己。棲息在橘子樹之類的幼蟲時期，爲了不被掠食者、也就是鳥類發現蹤跡，牠們有著看起來是像鳥類糞便那種黑白混色的斑斕花紋。等到第四次蛻皮的時候，因爲身體已經比鳥糞還要大了，所以就大變身成配合橘子樹葉的顏色，也

鳳蝶的成長與擬態變化

幼蟲的時候是類似鳥糞的黑白混色斑斕花紋

第4次蛻皮的時候會模擬橘子樹葉變成綠色

就是綠色。

接著，在第五次蛻皮、要吐絲從幼蟲變成蛹的時候，就會變成和粗壯樹幹一樣的褐色，或者是配合細小樹枝變成葉片的綠色。也就是說，鳳蝶幼蟲甚至會考量蛹處在哪個環境下來讓自己變成適合的顏色，好讓敵人難以發現自己。

蛹的顏色與決定因素

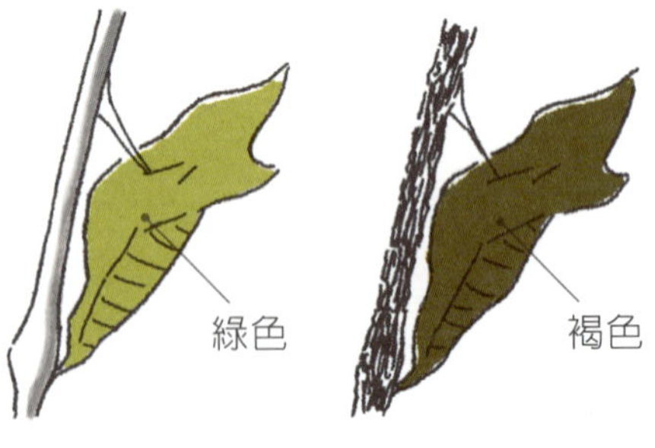

決定蛹的顏色的不是背景的顏色，
而是用來固定蛹的那個地方的表面狀態

根據京都大學的平賀壯太研究指出，蛹的顏色最重要的取決因素並非結蛹時的背景顏色，而是蛹固定之處的表面狀態。如果表面「平滑」的話就是綠色；表面「粗糙」就是褐色。除此之外，容易變成綠色的條件還有彎曲度比較大且細的地方、以及溫度和濕度高的陰暗處。鳳蝶幼蟲會經過綜合評估這些環境條件以後，才決定蛹的顏色。蛹的綠色是使用幼蟲身體內的綠色素，而褐色則是依照條件讓表皮細胞製造的黑色素。

鳳蝶的幼蟲和蛹便是如此依據成長階段及環境條件來改變身體的顏色、使自己融入背景當中，欺瞞天敵的眼睛。

擬態成花的蘭花螳螂

掠食動物當中，也有許多生物會讓自己的外貌模仿周遭環境的顏色和形狀。比方說，棲息在草原上的獅子的顏色就跟枯草很像，在荒野上的時候很容易跟周遭景色化爲一體、非常不顯眼。而棲息在森林中的老虎身上那種直條紋，讓牠們的輪廓在叢林時變得相當不明顯。

掠食動物們讓自己與背景同化，就能夠在不被那些逃跑速度特別快的草食動物發現的情況下靠牠們夠近，然後獵食牠們。

然而掠食動物小時候也很脆弱，一樣會遭到天敵攻擊。因此，吃昆蟲的蘭花螳螂在幼蟲的時候爲了避免自己被天敵攻擊，會擬態成紅黑圖樣的椿象來保護自己。蘭花螳螂的幼蟲雖然不會像椿象那樣散發出臭味，但是擬態成椿象就比較不容易被敵人攻擊。

而當蘭花螳螂長大以後就會擬態成蘭花的樣子，轉變爲掠食者身分，並假裝成花朵埋伏。如果有為了找花蜜而飛過來的蜜蜂或蝴蝶等昆蟲靠近，牠們就會用鐮刀立刻捕捉獵物吃掉。擬態成蘭花除了方便獵食以外，對於不讓自己被鳥類攻擊也相當有效。

在不是「吃」就是「被吃」的嚴苛環境中生存的動物們，會以自己被各種「眼睛」看見的前提下來進行擬態。

用誇張的顏色讓掠食者留下印象

另外，也有故意讓自己更加顯眼來提升生存率的動物。像是有毒的蛇與蜂、很難吃的瓢蟲以及會放臭屁的椿象等，這些動物往往有紅黃等誇張的顏色和圖樣。

這是為了讓掠食者在吃過一次同伴以後受到苦楚，讓牠們印象深刻，就會因此記得不要再次攻擊同類生物。當然，一開始被攻擊的同類生物成了犧牲品，不過如此一來，其他夥伴的危險性就會降低。這可說是不是為了個體，而是為了用來提升整個種類生物生存機率的戰略。

其中，也有些動物是模仿那些有毒動物的顏色或圖樣，來避免自己被掠食者攻擊。

好比牛奶蛇身上是紅、黑、白條紋圖樣，看起來跟毒蛇之中的珊瑚蛇很像，但牛奶蛇身上沒有毒。這是擬態的一種，稱爲「貝氏擬態」。牠們假裝成有毒的珊瑚蛇的樣子，不需要打造毒液就能保護自己。

不過這也是有缺點的，一旦無毒品種的數量增加，擬態的效果就會變弱。同時，如果該處本來就沒有那些有毒動物，那麼天敵也不會知道那種外

牛奶蛇的貝氏擬態

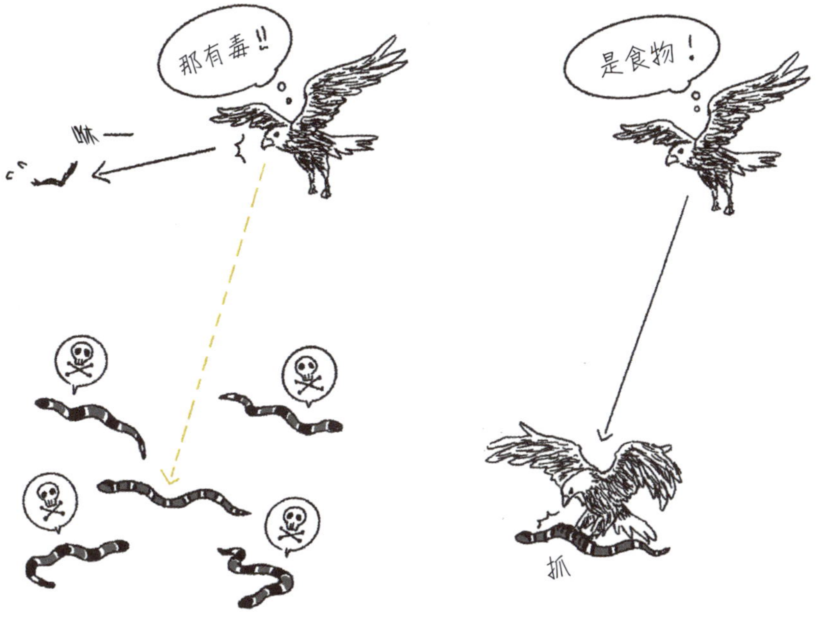

有珊瑚蛇的地區　　沒有珊瑚蛇（或稀少）的地區

牛奶蛇擬態成有毒的珊瑚蛇，
就不需要打造毒液也能保護自己

觀代表有毒，當然也就沒有擬態的效果。也就是說，擬態有沒有效，還是會受到環境左右。

貝氏擬態的動物也有些是讓外觀與那些難吃的動物或者會發出臭味的動物相似。模仿比較強悍的動物、或者會被躲避的動物外觀，多少讓自己被捕食的風險降低一些，是弱者的生存戰略。

成熟鮭魚的婚姻色

體表的顏色及圖樣除了能保護自己不受敵人攻擊以外，也對於同類動物之間的溝通相當有幫助。

大家逢年過節就會看到所以很熟悉的白鮭，牠們到了產卵期的時候，身體就會變色。牠們從出生的河流往下前進到海洋的時候，身體會變成美麗的銀色，然而到了產卵時期，體表就會逐漸變成紅色，然後回到牠們出生的河流。爲什麼牠們能夠從廣闊的海洋絲毫不迷路就回到出生地，這件事情目前我們還不清楚，不過有個假說認爲牠們可能記得河流的氣味。

在回到出生河流前的秋季鮭魚，體表還是銀白色的，所以在日文中被稱爲「銀毛」，而要返回河流的時候，公鮭魚的鼻子就會往前凸出變成勾狀，同時身體也會出現紅色縱紋。這是被稱爲婚姻色的紅色線條，是公鮭魚要展示給母鮭魚看的。

公的白鮭身體只有一部分會變成紅色，不過紅鮭的公魚正如其名，最有名的正是當牠進入產卵期之後，身體有大半都會變成漂亮的大紅色。

那麼，鮭魚的婚姻色又是怎麼樣出現的呢？在婚姻色出現之前的鮭魚身體原本是白的，牠們在海裡吃了磷蝦之類的動物性浮游生物，裡面含有一種物質叫做蝦紅素，利用這種物質的功效就能讓肌肉變成我們所熟知的「鮭魚色」。也就是說，鮭魚肉會有著鮮豔粉紅色，是因爲被牠們吃的東西染色。

而到了產卵期，受到雄性荷爾蒙的影響，那些把身體染色的蝦紅素就會移動到表皮，讓公魚、母魚各自體表出現紅色婚姻色。顯現出婚姻色就能表示自己是成熟的公魚或母魚，藉此判別是否可以產卵受精。動物們爲了對同種族的異性展現自己，也會巧妙地利用顏色。

section

07

能分辨些許色差的眼睛機制

看的時候會強調出色差

獅子的體毛是枯草的顏色、鱷魚的皮膚與水邊泥巴顏色相近，掠食動物就是這樣利用保護色來接近並且捕食獵物。另一方面，被掠食的動物們也不簡單。魚的背部會與水底泥土和岩石的顏色相似，就是爲了不讓上空的敵人輕易看見自己。面對這些生存戰略，眼睛爲了分辨出這些細微差異而變得更加發達。

許多動物的眼睛具備能夠分辨出些許顏色與圖樣差異的機制。首先，要知道物體存在，接下來必須要能分辨出對象物體與背景顏色的差異，而這些微小差距在眼睛裡會被強調出來。

請看看左圖的範例。畫在中心的灰色小圓形，左右兩個其實是一樣的顏色，但是在黑色裡面的灰色會比白色裡面的灰色看起來稍微明亮一些對吧？當黑色與灰色相連的時候，黑色會看起來更暗、灰色則會看起來更亮；若白色與灰色相連，則是白色會更亮、灰色會更暗。

眼睛就是這樣讓相鄰的物體顏色看起來比原先的差異更大。透過這個效果，物體就會看起來更鮮明。

用輪廓線捕捉物體形狀

如果發現某樣東西，動物們必須要瞬間判斷出那是敵人還是獵物。而用來區分這兩者的最大線索，就是輪廓。動物的眼睛在看輪廓的時候，會比實際情況還要鮮明。

在畫畫的時候也一樣，如果增添深淺或顏色的話會更加寫實，然而很多東西幾乎只要畫出輪廓線，我們就會馬上知道那是什麼東西。這是因爲我們的眼睛平常就習慣強調出顏色與顏色之間的界線。

顏色的對比

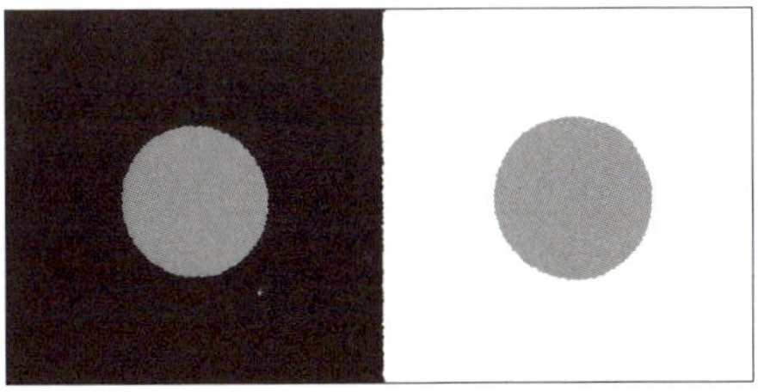

相鄰的物體各自的顏色
在眼睛中會將其差異突顯的更鮮明

接下來請看看下面的圖片。這裡依序排列了五個明亮各異的長方形。每個長方形的顏色都是均一的，但是界線附近會感覺顏色比較鮮明，彷彿單一個長方形裡面的顏色呈現漸層。這是由於視網膜在變換亮度情報的時候，在明暗交界處會讓暗的部分更暗、亮的部分更亮，強調出這個部份來認知圖片。

能夠用來判斷該物體是什麼東西的材料，就是顏色和形狀。強調出顏色的些許差異，就能讓東西與背景色拉出差距。我們在日常生活中會注意到高低落差、能清楚看見電視畫面，正是因爲眼睛會拉大界線間的顏色差距，好讓我們容易捕捉到物體形狀。

亮度的邊緣對比

相鄰色交界線附近的色差會被眼睛強調出來，
因此明明是顏色均一的長方形也會看起來變成漸層色

斑馬的馬蠅對策

有些動物就會巧妙利用這種視覺性質，正是居住在荒野地帶的斑馬。爲什麼斑馬身上會是條紋圖樣，這點在動物學者之間也是衆說紛紜，不過最近的研究顯示，非常有可能是爲了保護自己不受馬蠅騷擾。

大家都知道，馬蠅會吸馬和斑馬的血液，而在馬蠅這類吸血昆蟲比較多的地區，斑馬的線條就比較密集；吸血昆蟲少的地方，線條數量也有比較少的傾向。

因此，英國布里斯托大學的提姆．卡羅教授等人，根據斑馬的條紋是爲了避開馬蠅這個假說來進行實驗，結果證實此假說可以成立。他們的實驗是讓一匹馬套上黑白線條圖樣的外衣，藉此測量出穿著黑白外衣的時候，馬蠅停在身上的數量遠比平常來得少。

之後日本也在這方面進行了相關研究，確定以

調查線條圖樣效果的實驗

黑白條紋會讓馬蠅失去距離感，沒辦法好好降落

油漆在馬身上畫上黑白條紋也有一樣的效果。

爲什麼有條紋就不容易被馬蠅叮？目前理由還不明確，不過調查馬蠅停在馬身上的狀況，發現如果有條紋圖樣的話，牠們就無法順利減速，很容易直接撞上去。想來可能是因爲在視力不佳的馬蠅眼中，斑馬的黑白條紋兩色會混在一起變成灰色。而當馬蠅靠近斑馬以後，就會驟然看見黑白條紋圖樣，因此喪失距離感而無法順利降落。

視力良好的猛禽類也看不見的東西

近年來，由於顧及地球環境問題，因此日本全國增加了不少大型風力發電機，然而鳥擊事件也隨之增加。即使是具備良好視力的猛禽類生物，也會撞擊到高度超過一百公尺的巨大風力發電機的風車。尤其是日本列入保育的白尾海鵰，因爲撞上風車而死亡的問題相當嚴重。

衝撞的理由是，因爲塗成白色的風車與背景白色天空的對比過低，而且旋轉時若速度快到超過時速兩百公尺以上，就能直接看透另一邊的景色，所以很難發現風車的存在。就算眼睛有強調出顏色差異的功能，要瞬間區別出同一個顏色的色差仍然有些困難。

另外，也有可能是因爲猛禽類生物爲了尋找地面上的獵物，牠們通常不太會看著前方的關係。

日本爲了防止鳥類撞上飛機或者風力發電機，法律上規定風車尖端處必須塗成紅色，然而，現況上來說情況實在好不到哪裡去。爲了讓鳥容易發現風車的存在，或許有其他防止措施，像是把一部分塗成比較深的顏色等。爲了保護大自然，期望今後能有所改善。

section

08

移動中的東西看起來很醒目

相較於固定光線，閃爍光比較醒目

動物的眼睛對於移動中的東西，敏銳度會比較高。舉例來說，當獅子靜靜躲在草叢裡的時候，我們很難發現，然而牠一動，我們馬上就會知道。光線的醒目度也是一樣，在日常生活中，我們很自然地就會去看會動的霓虹燈或者車輛的方向燈。那些閃爍的光線在我們的眼睛裡遠比保持一定亮度的固定光來得醒目許多。

以前在我的研究室裡，我進行了一個實驗，是比較間隔○．五秒反覆開關的閃爍光線以及固定光線，實驗中得知閃爍光線就算亮度只有固定光線的二十八％左右，也會看起來跟固定光線一樣醒目（左圖）。

在自然界中會動的東西，不是敵人就是獵物。因此提高對於移動物體的敏銳度，就能夠提高生存率。存在於自然界的閃爍光，大概就只有螢火蟲發出的光線吧，不過現代科技能夠打造出像ＬＥＤ這樣人工光源的閃爍光。而在高樓大廈屋頂，夜間爲了避免被飛機撞上，因此會開啓紅色的航空障礙燈，這種燈爲了要更顯眼，所以也是使用閃爍光。

只能感受到移動物體的青蛙

這件事情不太爲人所知，其實青蛙沒辦法辨識出靜止的東西。比方說，就算牠最愛吃的昆蟲就在身邊，如果只是停在那邊不動的話，牠根本不會發現昆蟲的存在。

青蛙的眼睛是在靜止的背景中看到有東西動了，才會看出那是食物。因此，如果在電腦螢幕上播放昆蟲移動的畫面，牠就會誤以爲是食物而想要捕捉。青

固定光與閃爍光的顯眼度比較

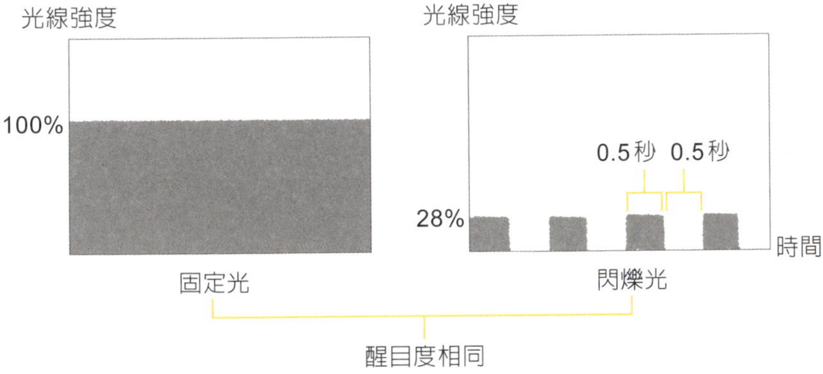

蛙的眼睛和人類一樣是透鏡眼，但是觀看靜止物品的視力非常低，只有動態視力特別優秀。也就是說，牠們特別強化了捕捉移動物體的能力。

青蛙如果發現視野中有會移動的小東西，就會將身體正面轉向獵物，用兩眼觀看獵物來測量距離。以日本蟾蜍來說，舌頭伸長的長度大概有二十公分、射程相當長，但是從吐出舌頭到捕捉獵物，快到只需要〇．〇三秒。昆蟲的複眼雖然對於移動物體也相當敏銳，但在青蛙吐舌頭的速度前還是小巫見大巫了。

如果想要養有著如此習性的青蛙當寵物，餵食物實在是非常麻煩。因爲牠們不會去吃死掉以後不動的生物，所以必須給牠們活的食物。不過死掉的食物如果會動的話，牠們也會吃。青蛙看見「小小會動的」東西就會捕捉來吃，不過看到「大大會動的」東西就會反射性逃走。想來應該是本能察覺這有可能是天敵鳥類或蛇靠近吧。

如本章節所述，動物們會爲了有效率地捕捉食物，又或者爲了從天敵眼皮下逃走，因此讓自己的眼睛配合目的及環境發展。下一章我們會繼續介紹更加巧妙利用「光線」的動物生存戰略以及視覺多樣性。

chapter

3

看不見的世界

在太陽照射到地球上的光線之中，人類的眼睛只能看見非常有限的「波長」的光線。另一方面，鳥類和昆蟲能看見「紫外線」、蛇可以看見「紅外線」、蜜蜂則能看見「偏光」。這些動物到底是如何感受這個世界的呢？

section

01

可以捕捉紫外線的動物們

看得見的光線、看不見的光線

地球沐浴在太陽光線之中，而我們在光線下可以看見形形色色的東西。然而人類眼睛能夠捕捉到的，只有從太陽散發出來的光線中的一部分。不同動物也有著相異的眼睛，捕捉到的光線也有差異，因此，牠們的眼睛應該跟我們看到的是完全不同的世界。那麼，動物們的眼中究竟看到的是什麼樣的景色呢？

在談論這個問題之前，我想先講講關於太陽光照射下來的光線性質與種類。

光線具備波的性質，會有如鐘擺上下擺動，畫出搖動的波浪形狀傳遞到遠方。從波峰到下一個波峰的長度就稱爲「波長」，這個長度的變化會讓顏色看起來不一樣。

人類眼睛可見的光線稱爲「可見光」，波長範圍在三百八十～七百八十奈米之間。

在可見光之中，波長最長的光線看起來是紅色。波長的長度超過可見光的被稱爲「紅外線」，人類的眼睛看不見。相反地，波長最短的光看起來是藍色，更短的就是「紫外線」。除此之外，波長比紅外線更長的有微波和電波；比紫外線還短的則有X光線和γ射線等。我們在說「光線」的時候常常是單純指可見光，不過在這裡我們所謂的光線包含了紫外線、可見光和紅外線。

眼睛在感知光線的時候，位於視網膜的感光細胞會將送到此處的光線轉換爲電位訊號，而腦部則會根據該訊號判斷「看見光」。光線是否抵達視網膜、感光細胞是否將光線轉換爲電位訊號，都會因「波長」而產生差異。

光線波長與可見光範圍

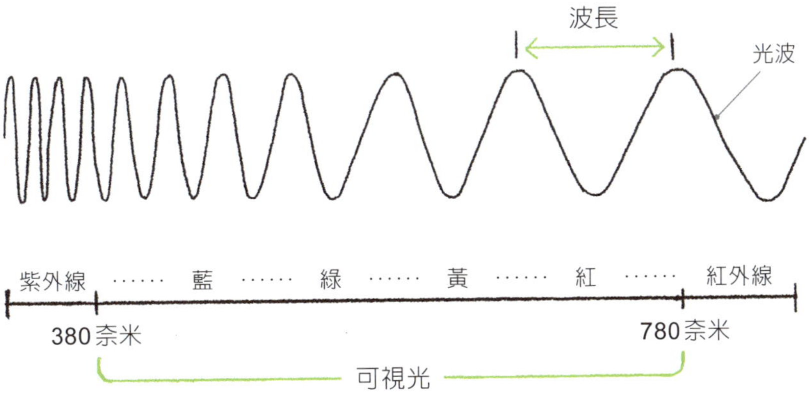

人類無法感知可見光以外的光線，但是在可見光當中，對於看起來是綠色的光線波長敏銳度特別高。人類的眼睛裡綠色是最為明亮的，紅色和藍色就感覺沒那麼亮。這應該是由於陽光中含有大量綠色光線。同樣的道理，只有波長短的藍色光線才能抵達的深海，棲息在該處的魚類對藍色光線的敏銳度比較高，但是看不見波長較長的紅色光線。

利用紫外線進行溝通

有些動物能夠明確捕捉到人類眼睛無法感知的紫外線。

我們經常在早春看見紋白蝶雄蝶為了交尾而追著雌蝶跑。牠們的翅膀圖樣非常相似，所以光看外表，我們很難瞬間判斷出眼前的紋白蝶是雄蝶還是雌蝶，但是紋白蝶彼此卻能夠馬上知道對方是雄是雌。這是因為牠們可以利用紫外線來確定對方的性別。

紋白蝶的翅膀有一層鱗粉覆蓋，而雄蝶和雌蝶的鱗粉結構不同。雌蝶的鱗粉會反射紫外線，但是雄蝶的鱗粉會吸收紫外線，所以在能夠捕捉紫外線的紋白蝶眼中，可以輕易分辨兩者的不同。推測起來應該是雌蝶的顏色比雄蝶明亮而顯眼。橙端粉蝶等其他蝶類好像也是利用紫外線來判別雌雄。

白刃蜻蜓也和紋白蝶一樣，是能夠看見紫外線的昆蟲。白刃蜻蜓的雄蟲在成熟之後就會於體表分泌蠟的物質，全身變成發白的淺藍色，而這層蠟非常容易反射紫外線，所以雌蟲能夠馬上找到雄蟲。特別是以背部旁邊爲主，紫外線的反射率非常大，因此交尾時期，牠們可以藉由背部的紫外線反射來認知彼此。

可見對於昆蟲來說，紫外線是繁殖活動中不可或缺的東西。

活用紫外線的生物並不只有昆蟲。面對這些能夠感知紫外線

以紫外線區別雌雄的紋白蝶

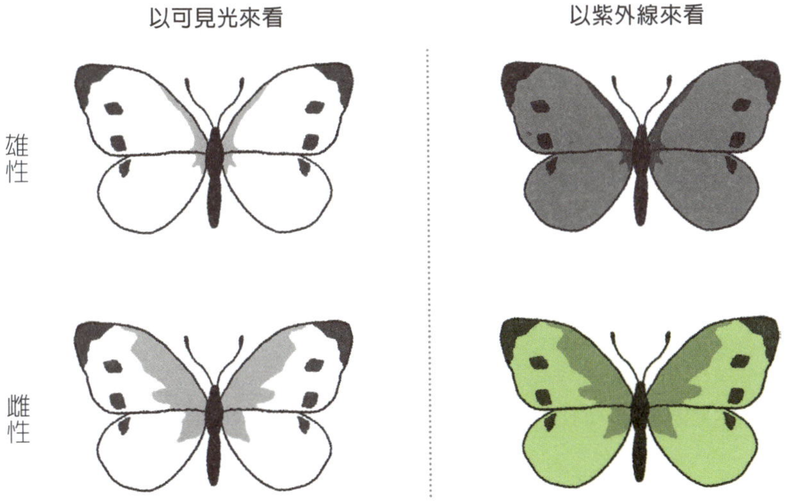

在能夠捕捉紫外線的紋白蝶眼中，
雌蝶應該會看起來比雄蝶明亮

的昆蟲眼睛，綻放在原野上的花朵就利用了牠們的這個天性。自然界的花朵約有三分之一是白色，而白色花朵大多數都帶有能夠反射紫外線的黃酮或黃酮醇這兩種物質。昆蟲們就靠這樣的反射特性去尋找花蜜，而花朵因爲有了昆蟲們搬運花粉，就能夠大量授粉留下後代。綠色葉片部分和花朵不同，很難反射紫外線，所以白色花朵在昆蟲眼裡，看起來應該會比在人類眼中還要鮮明而顯眼。

烏鴉知道垃圾袋裡裝了什麼？

鳥類中的烏鴉也和昆蟲們一樣具備相當特殊的眼睛。以人類來說，紫外線會被角膜和水晶體吸收，所以不會抵達視網膜，但是鳥類的角膜和水晶體容許紫外線通過，因此可以抵達視網膜。

也就是說，鳥類的眼睛除了可見光以外，也能夠清楚看見紫外線。實際上也已經確認烏鴉的眼睛除了紅、綠、藍以外，存在著對紫外線有高敏銳度的感光細胞。

烏鴉棲息於都市中，牠們的主食是人類拋棄的剩菜剩飯，但是牠們的嗅覺非常遲鈍，所以幾乎都要靠視覺尋找食物。想來應該有很多人見過烏鴉大清早在挖垃圾袋內容物吧，目前認爲烏鴉的眼睛或許能靠著紫外線反射，看到半透明垃圾袋裡面的東西。就算是人類眼睛覺得看不太清楚的半透明袋子，在烏鴉眼中也是清晰得很。

以前常有烏鴉咬破垃圾袋，然後把垃圾啄得亂七八糟，甚至成爲一種社會問題。在施行各式各樣的對策來防範以後，發現最簡單又有效的就是蓋上一層網子。只要在垃圾袋上面蓋上一層牠們的嘴喙無法穿過的細網，並且在邊緣壓上重物，牠們就很難咬破垃圾袋。

除此之外，還有利用牠們的視覺盲點，在垃圾袋上塗上一層紫外線無法穿透的塗料。目前日本要求用來裝廚餘的黃色垃圾袋，其實就用了隔離紫外線的特殊塗料。使用這種垃圾袋以後，廚餘被烏鴉翻找的損害狀況也有所減輕。

由於這種黃色垃圾袋能有效防阻烏鴉的關係，所以有人以爲是因爲烏鴉眼睛看不清楚黃色，因此市面上也有人銷售用來阻攔烏鴉的黃色網子，但其實網子是不是黃色，在效果上並沒有差別。黃色垃圾袋有效並非因爲黃色，重點是使用了紫外線無法穿透的塗料。

section

02

人類也能感受到紫外線？

螢光色看起來會發光的理由

人類的眼睛雖然無法直接捕捉紫外線，但是能夠利用紫外線讓顏色看起來跟平常不一樣。

舉例來說，大家有沒有想過以黃色螢光筆畫的線條，爲什麼看起來會發亮呢？這是由於黃色螢光顏料裡面的螢光物質會吸收紫外線，然後發出黃色光線。那些貼在想要凸顯重點等處的螢光膠帶，也具有吸收紫外線後散發可見光的性質，而且在陰天的時候會看起來比在晴天下還要醒目。

這是由於陰天的時候，紫外線量也幾乎不會有所減少，但是可見光卻少了許多，所以紫外線相對的比例也就顯得比較高。我們手邊的東西都只會反射可見光，不過加入螢光顏料或螢光物質的東西，除了反射可見光以外，還會在吸收紫外線後散發可見光，因此顯現出來的光線量比其他物體反射的光線多，在我們眼中就會看起來比較亮。

使用了反射方式與一般物體全然不同的螢光物質，在人類的眼中就會覺得顏色很不自然，所以經常使用在螢光筆或者網球這類想刻意引人注目的地方，或者用在希望能夠特別凸顯的地方。

讓白色更白的螢光物質

平常我們看見的紙張大多是白色，但這是使用螢光劑讓白色看起來更白。紙張的原料紙漿原本其實是棕色，而我們將它漂白變成白色。然而即使如此，紙張看起來還是有些偏黃，爲了讓紙變成純白色，就會使用螢光劑。

混合在一起之後會變成白色的兩種顏色，

讓紫外線變成可見光來散發光線的螢光物質

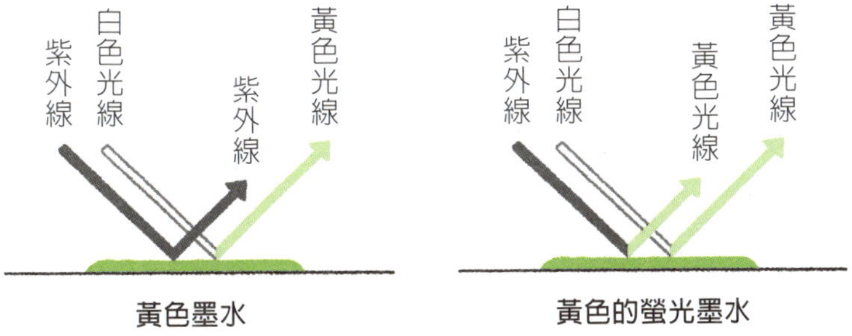

螢光墨水會在吸收紫外線後，散發出明亮光線

我們稱它們爲互補色，而黃色的互補色是藍色，所以紙張是混入藍色的螢光劑讓人看起來是白色的。

和白色紙張一樣潔白的白襯衫也使用了螢光劑。白襯衫會隨著時間愈來愈黃並非單純因爲髒汙，而是因爲反複清洗之後，螢光劑的效果變弱了。一般的清潔劑就有含螢光劑，使用這類清潔劑的話就可以長保潔白。

由於全白色會讓人倍感清潔，所以市面上有許多產品爲了讓白色看起來更白而使用了大量螢光物質。

section

03

使用紅外線來看見那些原本看不見的東西

蛇是用紅外線來感知東西的？

波長比我們的眼睛能夠捕捉到的七百八十奈米還要長的就是紅外線。太陽射到地面上的光線中大約有四十二%都是紅外線，但非常奇妙的是幾乎沒有動物能夠看見紅外線。

理由是紅外線不僅僅來自太陽，也會從動物身體和午間地面等溫度高的物體表面上放射出來。物體表面會因應物體溫度放射出特定波長的電磁波，這就稱為熱輻射。

動物體表因為體溫而放射出來的紅外線，可以使用紅外線熱成像技術來看見。溫度愈高，放射出來的紅外線量就愈多。尤其是恆溫動物等生物就連眼球裡面都是溫熱的，所以要靠著從外部進來的些許紅外線捕捉物體樣貌實在非常困難，也因此一般動物幾乎都沒有捕捉紅外線的感應器官。

不過那些非常容易受氣溫影響的變溫動物之中，就有能夠看見紅外線的生物，像是蟒蛇、響尾蛇、日本蝮蛇、黃綠龜殼花等。蛇類在氣溫下降的時候，自身散發出的紅外線量也會減少，所以能夠捕捉紅外線。

牠們的眼睛和鼻子之間有被稱爲「頰窩器官」的凹陷處，可以感知紅外線。頰窩器官的結構和杯狀眼點（參見二十四頁）相同，在凹陷處底部排列著可以捕捉紅外線的細胞。晚上那些蛇的獵物、也就是恆溫動物的體溫會比外面的空氣氣溫高，所以牠們就能在黑暗中探知小型哺乳類或者鳥類散發出的紅外線。據說蛇類的頰窩器官除了獵物的存在以外，甚至能夠感知形狀和距離。

蛇的頰窩器官

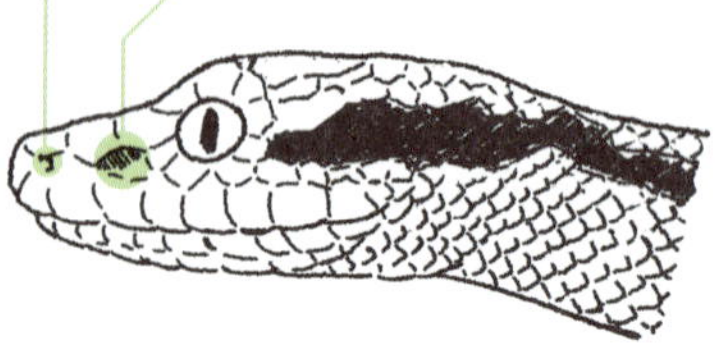

蛇可以用頰窩器官感知紅外線

用紅外線閱讀看不見的文字

人類的眼睛雖然無法感知紅外線，但在一些我們意想不到的地方卻使用了紅外線的技術。就是用來解讀那些被我們稱爲木簡的東西，也就是寫在木片上的文字。木簡盛行於紙張還相當貴重的奈良時代及平安時代，用來代替紙張，並且通常作爲送到京城的貢品貨物單據、公所之間連絡等的工具，有許多木簡都具有非常高的歷史價値。

在奈良平城宮跡等處已經出土數十萬片木簡，但在長久歲月中，原先用墨水書寫的文字早已滲入木片而難以看清，所以大部分都無法解讀。而且被埋在地下的時候，木頭也會變色發黑，還有一些則是木紋太過清晰而讓墨水看起來更加模糊，導致解讀困難。

目前使用包含紅外線的光源或者ＬＥＤ紅外線投光器等工具來解讀這些文字。這是由於紅外線會被墨水的主要成分，也就是碳給吸收，所以用紅外線照射的時候，就會穿透表面的汙垢，只有滲入木片中的墨水文字會隱約浮現在紅外線攝影機中。利用眼睛看不見的光線，讓看不見的文字浮現出來，眞是令人驚訝的發想和技術呢。

section

04

利用偏光模式知道太陽位置

自然光（非偏光）與偏光

前面介紹的都是巧妙利用光線波長的動物，不過也有些動物除了波長以外，還能夠感知「光波震動方向」。

那麼，「光波震動方向」又是什麼呢？光雖然是以波的型態傳播，不過光波會有震動方向的差異。如下圖所示，震動方向與行進方向垂直的是「橫波」；震動方向與行進方向相同的就是「縱波」。聲音屬於縱波，而光線則和水面上會產生的

橫波與縱波示意圖

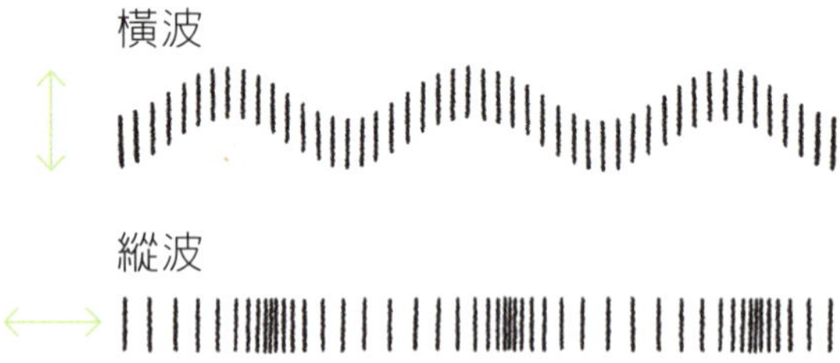

波的震動方向與行進方向垂直為橫波；
與行進方向相同則為縱波

波紋一樣，是震動方向與行進方向垂直震動前進的橫波。

從太陽發出的光線，混雜了包含上下左右在內往各方向震動的各種橫波。這稱爲「自然光（非偏光）」。相對於這樣的光線，震動方向非常整齊的光線就稱爲「偏光」。自然光如果打在水面或玻璃之類的地方，反射出部分特定震動方向光線的話，就會變成部分偏光，不過很遺憾的是人類的眼睛沒有辦法區分出光線是否爲偏光。不過的確有一部分動物可以捕捉到偏光。

不會迷路的蜜蜂

能夠用眼睛看到偏光的動物當中，最具代表性的就是蜜蜂。蜜蜂會飛到遠離蜂巢兩公里以外的遠處尋找花蜜，卻能夠在絲毫沒有迷路的情況下回家。這是因爲受到蜜蜂

自然光穿過偏光板而變成偏光的樣子

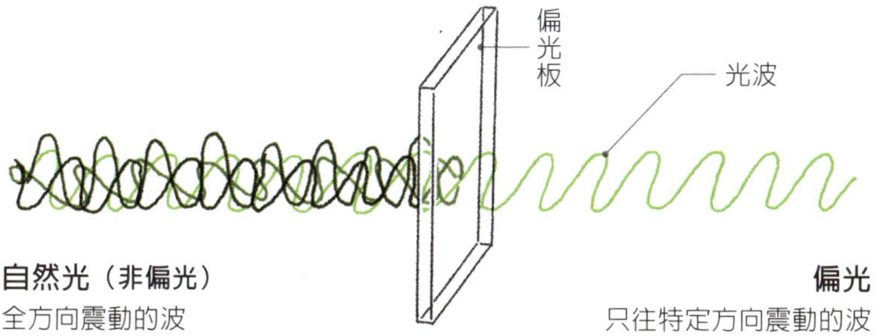

眼睛是複眼的影響。

構成複眼的小眼中的感光細胞，在結構上會對特定震動方向的光線具有特別強烈的敏銳度。天空的藍色是由陽光打在空氣中分子反射出的光線打造出來的，所以用複眼來觀看，就可以知道是偏光。

舉例來說，以人類的眼睛來看，早上十點和下午兩點的天空幾乎沒有兩樣，但是對於蜜蜂來說，早上十點和下午兩點的藍天，有著不一樣的偏光模式。同時由於光線打到空氣中分子上的角度不同，反射出來的光線震動方向也會改變，所以能夠從這些偏光模式的差異，正確得知太陽的位

讓夥伴了解花蜜位置的蜜蜂8字舞

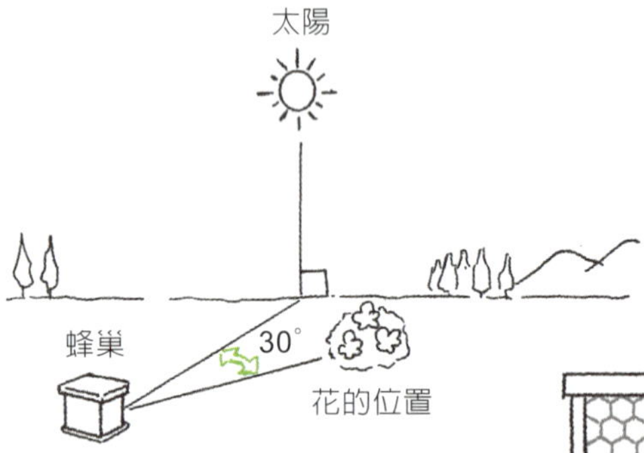

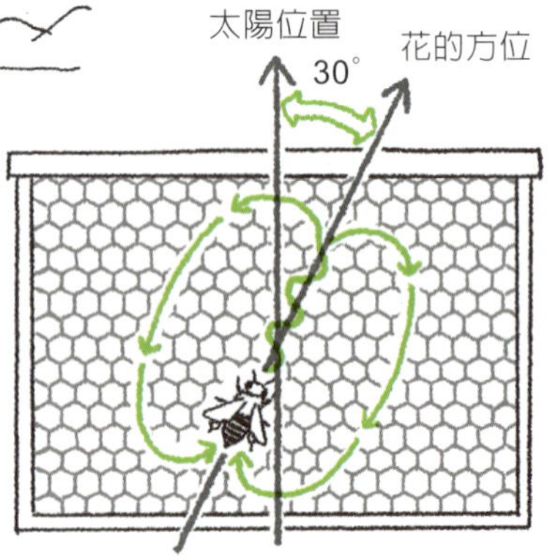

走8字來表現太陽方位和花朵地點之間的角度（30度），讓夥伴知道花蜜位置

置。就算是陰天，也會因爲太陽位置的變化造成偏光模式不同，所以蜜蜂並不會搞錯自己的方位。

另外，蜜蜂還有一個非常令人訝異的能力，牠們可以在回巢後，上下震動翅膀加上左右震動屁股、走八字步伐舞蹈，讓其他夥伴知道花蜜所在位置。也就是牠們用八字的方向指出太陽位置、花朵方向以及之間的角度，這樣其他蜜蜂就會知道花蜜在哪裡。

除了蜜蜂以外，具備複眼的大多數昆蟲與甲殼類，應該多半都能捕捉這樣的偏光。

section

05

追逐光線、躲避光線

有趨光性的動物

幾乎所有生物爲了活下去，都會利用光線，不過利用方法可就五花八門了。比方說，許多昆蟲都具備了對光線產生反應然後移動的「趨光性」。趨光性有兩種，會朝著光線過去的是「正趨光性」，而遠離光線的則是「負趨光性」。

有個成語叫做「飛蛾撲火」，由來正是因爲多數蟲子和魚類都有朝向光線而去的正趨光性。夜晚時分，路燈下也會聚集了許多蛾之類的昆蟲。另外，在漁船上點漁火或集魚燈，也就是在漁船上點亮光線，就可以捕獲那些會聚集到光線下的烏賊等漁獲。尤其是鶴鱵（青旗）有朝著光線猛衝的特性。鶴鱵有尖尖的嘴巴，晚上看到船上的燈就會猛跳起來，有時候甚至會直接刺到人身上，所以要多加小心。

另一方面，蚯蚓或渦蟲等生物則有遠離光線的負趨光性，喜歡陰暗的地方。蚯蚓不耐乾燥、生活在土壤中正是因爲其負趨光性，要避開有光線的地面。另外，渦蟲則是爲了避免被掠食者發現，所以躲在陰暗石頭背後生活。

生物們正是感知光線亮度的差異後，判斷是否爲安全環境。

隨季節或成長階段趨光性也有所不同的昆蟲

夏天常在池子或農田見到水黽，牠們的身體非常輕盈、腳尖會分泌能夠彈開水的油脂，所以能浮

正趨光性與負趨光性比較

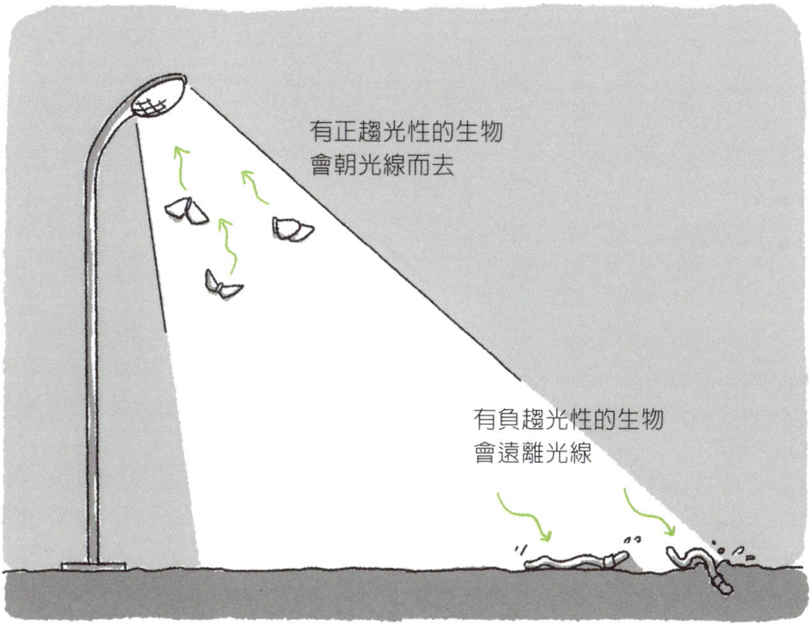
有正趨光性的生物
會朝光線而去
有負趨光性的生物
會遠離光線

在水面上。水黽在春季到夏季活動期會有正趨光性，然而十～十一月卻會變成負趨光性，是非常特殊的性質。這是由於水黽爲了要以成蟲型態過冬，因此春天到夏天是正趨光性，才能夠讓牠們從過冬的陰暗地面移動到獵食食物及進行繁殖活動的明亮水面上。相反地，十～十一月牠們變成負趨光性，就會從明亮的水面移動到休眠地點、也就是陰暗的陸地上。

這種趨光性變化，會強烈受到氣溫與日照長度影響。有實驗證明，如果夏天的時候把水黽移動到溫度低的地方，牠們就會從正趨光性變成負趨光性；冬天把牠們移動到溫度高的地方，就會變回正趨光性。

以前爲了製造蠶絲，各地都有農家養蠶，而蠶也是趨光性會有變化的動物。蠶寶寶原先的性質是正趨光性，會藉此移動到明亮的地方，但是吃了嫩桑葉以後，牠們爲了停留在嫩葉上，就會失去趨光性、不再移動。一樣的道理，牠們在剛脫皮的時候也會失去趨光性，但是沒了食物嫩葉的話，又會恢復爲正趨光性然後開始移動。

夏天常在廚房看見的果蠅也是一種在成長階段中趨光性會完全改變的動物。果蠅在大自然中的食物是成熟的水果等類的東西，所以還是幼蟲的時候，會爲了移動到果實的中心而具備負趨光性。然而成長結蛹的時候，爲了要從陰暗潮濕的果實中心移動到明亮乾燥的地方，就變成正趨光性。

這些昆蟲利用自己身體中的趨光性機制，隨季節或成長階段來調整，讓自己朝著光去或者遠離光，好提高自己的生存機率。

section

06

發光並且吸引過來

會發光的菇

也有些生物，是為了利用昆蟲的趨光性性質而讓自己發光的。比方說，全世界約有七十種會發光的菇類，在日本就有十三種。當中被認為應該是最亮的是發光小菇，會放出強烈的綠色光線。這些菇類的發光機制是由一般菇類都含有的成分乙烯基吡喃酮（hispidin），與發光菇類才有的特定酵素結合反應而成。

由於發光會緩慢消耗能量，因此應該是有特定目的，然而目前菇類發光的理由仍不明確。有一說是認為發光看起來就像是有毒，可以避免被動物吃掉，不過最有力的說法是要吸引會吃菇類的昆蟲前來。

如果利用昆蟲的正趨光性，誘使牠們前來吃菇類的話，孢子就可以被帶到遠方、增加菇類的後代。實際上也已經確認吃下菇類的昆蟲排泄物當中，的確會有沒被消化掉的孢子。

利用光線溝通

也有許多動物並不捕捉光線，而是自己發光。舉例來說，發光昆蟲中的螢火蟲在全世界大約就有兩千種左右。當中約有四十種棲息於日本。在日本比較有名的是源氏螢與平家螢：在五～七月期間，可以在水源乾淨的河邊看見源氏螢；而七月～八月左右，在水流較少的水田或池子等地則可以看到平家螢。

螢火蟲在進入繁殖期之後，雌雄雙方為了傳遞光線訊息，所以都會發光，但是不同種類的螢火蟲在發光顏色、閃爍間隔、飛行方式和光線強度等都有著些許差異。好比源氏螢會一邊曲線飛行，並且以二～四秒一次的頻率閃爍強烈的黃綠色光芒；平家螢則是直線飛行並以一秒一次的頻率發出微弱的黃綠色光芒。其他還有發出黃色光芒的姬螢，也有會發出橘色光線的稀奇螢火蟲。

不同種類的螢火蟲會有不同散發光線的方式，是因為螢火蟲對於這類閃爍光線的敏銳度很高，因此可以靠這種方式找到同種螢火蟲。螢火蟲是利用體內製造的發光物質螢光素，以及幫助發光的酵素螢光素酶，藉由兩者結合發生化學反應後產生發光的現象。感覺上好像螢火蟲要長到成蟲才會發光，但其實幼蟲和蛹也都會散發微弱的光線。

另外，和螢火蟲有著相同酵素的動物，還有螢烏賊和海螢。據說牠們是將光線用於威嚇外敵、擬態或者繁殖等。

世界上會發出光線的生物有幾萬種，發光機制全部都是化學反應。不過棲息在海中的生物有很多是因爲和發光細菌共生，所以才能發出藍色光線，最具代表性的例子之一就是多指鞭冠鮟鱇。

會發光的海洋生物大多發出藍色的光，但是陸地上的發光生物大多是綠色的光。這應該是因爲在海中波長較長的光線會被吸收，所以只能發出波長較短的藍色光線。

section

07

棲息在漆黑深海的動物也有眼睛的理由

光線幾乎無法抵達的深海

目前我們已經知道，不同的生物如何捕捉光線，會造成看見的世界大不相同。那麼，接下來我們就從光線環境來窺看動物們的視覺世界吧。比方說，棲息在只有些許光線能夠抵達、水深兩百公尺以上的深海生物們，牠們會看見什麼樣的世界呢？

首先，讓我們看看水深與光線環境的關係。如果搭潛水艇潛入海中，水中的光線會是藍綠色的，但是愈深就會愈藍。這是因爲波長較長的紅色、黃色、綠色光線很容易被水吸收，能夠抵達水深幾百公尺的只剩下些許藍色光線。實際上，白色太陽光只要去除紅色以後就會變成藍綠色，再剔除黃色和綠色之後就只剩下藍色了。

比水深兩百公尺還要深的地方就稱爲深海，光線強度大概只有水面上的千分之一左右。這大概就跟晚上路燈照在地面上的平均亮度差不多。水深一千公尺左右，還會有些許太陽光抵達，但是超過一千公尺以後就是漆黑的世界。不僅僅是一片黑暗，水溫也幾乎不會有任何變化。也就是說，這是個無論時間或季節如何變化都不會有任何改變的環境。

居住在如此特殊環境中的深海生物們，就靠著微弱的光線尋找餌食。大部分的深海生物都有著相對於身體來說非常大的眼睛。當中有著最大眼睛的就是大王烏賊。

大王烏賊的眼睛直徑跟排球一樣，約有二十公分，大概是人類眼睛大小的十倍，體積則是一千倍。因此就算是在只有些許光線能抵達、約六百～一千公尺深的深海中，也有某種程度的能見度，據說可以在很遠的地方就發現獵物而前往捕食，或者看見天敵鯨魚趕緊離開。

由於眼睛愈大就能夠接收愈多光線，所以在非常陰暗的地方也還能維持一定視力。貓和眼鏡猴這類夜行性動物有著相對於頭來說算是比較大的眼睛，理由也在此。

反射光線的脈絡膜層

居住在深海中的動物們，眼睛也進化成與陸地生物不同的型態。大王烏賊的眼睛有著巨大的瞳孔，能夠接收許多光線。而且用來感受光線的感光細胞，也是對於亮度比較敏銳的「視桿細胞」（參照一四四頁）比較多。

大王烏賊具備的視桿細胞對於藍色光線的波長的敏銳度最高，因此能夠有效利用抵達海底的少許光線。另外，有些物種的視網膜上視桿細胞不只一層，而是很多層，所以光線就算穿過第一層，之後還有第二層和第三層可以繼續捕捉。

脈絡膜層的結構

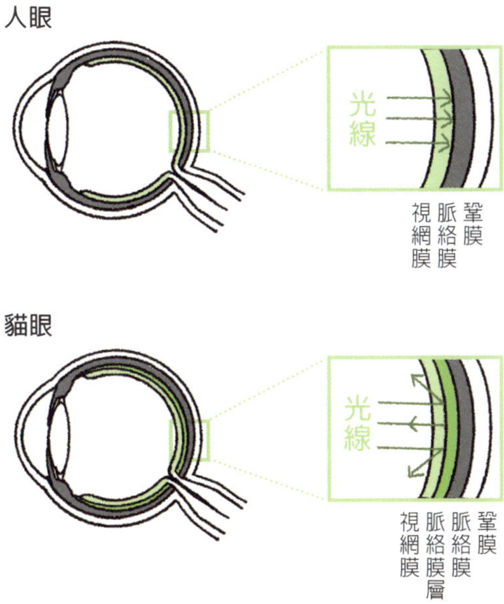

紅金眼鯛和貓的眼睛結構上，
穿過視網膜的光線會被脈絡膜層反射，
因此能夠有效活用微弱光線

另外，紅金眼鯛等生物的眼球如第一一一頁下圖所示，最內側是視網膜，而其外層則是有著反射板作用的「脈絡膜層」。如此一來，穿過視網膜的光線可以在脈絡膜層再反射一次，重新回到視網膜上，因此從瞳孔進入的少許光線不會有任何遺漏，可以有效活用。

深海魚的眼睛會看起來閃閃發光，正是打到脈絡膜層上的光線反射出來的關係。喙吻田氏鯊等棲息於深海的鯊魚眼睛，也會因爲脈絡膜層而看起來金光閃閃。這種反射板除了深海魚以外，貓之類的夜行性動物也有。深海魚是利用脈絡膜層來提高眼睛的敏銳度，卻不適合用來觀看細小物品。牠們的眼睛雖然很大，視力卻不是很好。

自己發光的深海生物

話說回來，鼴鼠那種棲息在洞穴或者土壤中的動物，大部分眼睛都會退化，爲什麼棲息在幾乎沒有光線的深海動物，卻有著高精密度的眼睛呢？在一片漆黑中，牠們是怎麼樣得知敵人或餌食的存在呢？

其實棲息在深海的動物，大多數都會發光。牠們會利用自己發出的光芒，用來尋找獵物或者吸引獵物前來。比方說，多指鞭冠鮟鱇在頭部有個像是魚杆的突出物，最前端還有像是釣餌的東西。牠們就是讓這個釣餌發光，吸引牠們的獵物、也就是小魚們前來。

另外，深海環境中不會有紅色光線抵達，所以棲息在該處的動物無法辨識紅色光線。實際上，如果拿白色光線照過去，牠們就會有所警戒而馬上逃走，但使用紅色光線的話，就可以輕鬆拍照。

巧妙利用這個性質來捕獵食物的就是巨口魚。牠們的眼睛下方有能夠發出紅色光線的發光器，並會用那個紅色光線照射獵物，然後張開有著銳利牙齒的大嘴捕食。巨口魚自己可以看到紅色光線，但其他魚類看不到，所以牠們能在對方沒發現的情況下靠著紅光來找到獵物。另外，可能也會利用這個光線來尋找伴侶。

就算一樣是生活在深海的動物，看到的世界也大不相同。

section

08

用電來獵食

用電獵食的強電魚

有些動物雖然不會依靠光線，卻會使用特殊能力來取代眼睛偵測障礙物的存在、獵捕食物，像是電魚。電魚是一種統稱，有棲息於河流等淡水的種類，也有棲息於海洋的類型。正如其名，牠們會將帶著正電的鈉離子吸收到身體細胞內，使其產生電力，用來獵食或探尋可以成爲食物的生物。

棲息於沿岸及水深五十公尺沙底的電鱝是一種生活在海洋中的電魚，可以用電力麻痺小魚來捕捉牠們。那麼這些電魚到底是如何在水中產生電力的呢？

爲了要讓大家了解電魚產生電力的機制，請大家一邊回想一下以前學校理化課上的實驗，我一邊解說。

首先，乾電池一顆的電壓是一．五伏特，但是把兩顆縱向連結在一起就會變成三伏特。如果再加一顆、也就是總共三顆串聯在一起，就會成爲四．五伏特。也就是說，縱向串聯愈多顆電池，就能夠打造出愈高的電壓。電魚也是利用這種方法，單一細胞製造出來的電力雖然很微弱，但是把細胞連結在一起之後，將所有細胞產生的電壓加在一起，就能夠產生非常強的電力。

除了電魚以外，動物的肌肉細胞也可以產生電力，不過電壓非常微弱。電鰻等動物的發電器官是把幾千個生產電力的細胞連結在一起，採用這種特殊方法才打造出強大電力。

棲息於南美洲亞馬遜河的電鰻，電壓最高可以達到八百伏特。一般家庭中使用的插座電力爲一百伏特（台灣爲一百一十伏特），因此幾乎是八倍強的電壓。像電鰻這樣使用強大電力來防禦或者攻擊的魚類被稱爲強電魚，另外還有電鯰和電鱝。

打造電磁場的弱電魚

另一方面，產生微弱電力在水中打造出「電磁場」的魚類則稱爲弱電魚。電磁場包含電場和磁場，而有電的地方周圍就一定會有電磁場。當有餌食接近、或者附近有障礙物的時候，電磁場的強度就會改變，而弱電魚就是用身體表面感受到變化之後，找出餌食或障礙物。舉例來說，就很像是把電磁場拿來當成雷達那樣掃描周邊的感覺。

弱電魚有瞻星魚和裸臀魚等。不管是電鰻這種強電魚，還是平常只用微弱電力探索周邊的弱電魚，牠們都是使用電力來搜索周邊，所以視力只能勉強對強光產生反應。

另外，電鰻中的埃氏電鰻，如果有兩隻互相靠近的話，牠們爲了避免電波訊號互相干擾，還會上下調整頻率以免混淆。另外也會在攻擊行動、求愛、產卵的時後忽然停止訊號或猛然提高頻率等，藉此傳遞訊息來讓對方知道。

可見弱電魚打造出來的電磁場除了探索東西以外，也是用來與夥伴溝通的重要工具。

打造電磁場的弱電魚

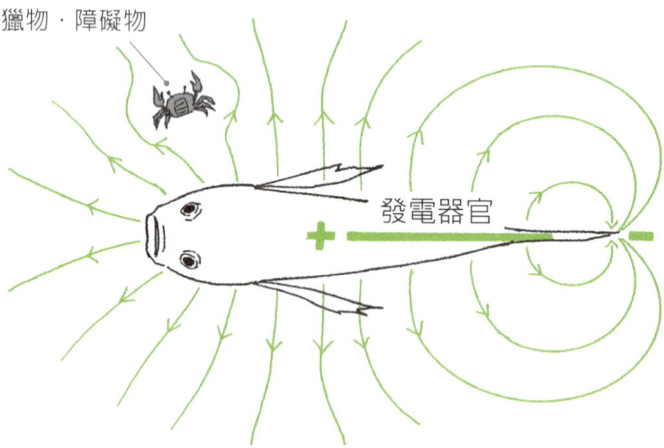

弱電魚會產生電力打造出電磁場，
像雷達一樣掃描周邊

用嘴巴感應電力的鴨嘴獸

大家知道嘴巴很像鴨子嘴的鴨嘴獸嗎？剛開始發現這種動物的時候，看到標本的學者們對於這種動物的外型大感驚訝，還認爲可能是把鴨子嘴裝到水獺身體上的僞造物。牠們身體的結構與爬蟲類相似，會產卵，但是會用母奶餵寶寶，所以被歸類在哺乳類動物。完全就是介於爬蟲類和哺乳類之間的奇妙動物。

鴨嘴獸在澳洲樹木叢生的河岸挖隧道打造巢穴，到了晚上就會去水底獵食蝦子、昆蟲和貝類等食物。觀察牠們獵食的樣子，就會發現鴨嘴獸在水裡會把眼睛和耳朵閉上。

那麼鴨嘴獸在陰暗的水中到底是怎麼尋找餌食的呢？

其實鴨嘴獸的嘴巴有許多小洞，那裡面有可以感應電力的器官。牠們會用那個器官去敏銳感測生物發出的微弱電力。

鴨嘴獸如此特殊的能力，是在一九八六年時由德國的夏伊博士所率領的研究團隊偶然發現的。夏伊博士失手將電池掉到鴨嘴獸所處的水槽裡，沒想到鴨嘴獸非常興奮的用嘴巴拚命啄電池。因爲這件事情引起他們的注意，所以他們開始詳細調查，才發現鴨嘴獸具備能夠感測電力的能力。這完全是只有晚上在水裡活動的動物才會有的進化結果。

我們這樣窺探動物們的世界後，就可以了解有許多生物爲了配合生活環境演變出獨特的眼睛，也有些生物得到了可以輔佐眼睛功能的特殊能力。而這些不同種類的生物有多少，這個世界就有多少種不同的樣子。下一章，我想繼續逼近這種不可思議的視覺世界。

chapter

4

可以看到何等程度？

人類在成長過程中，可以看到什麼程度呢？另外，包含嗅覺和聽覺等感覺器官當中，視覺大概能夠感知到什麼範圍呢？如果眼睛的結構不同，對亮度的感知和能夠區別的顏色數量也會改變。本章就來比較一下「可見範圍」。

section

01

人類的視覺發達到什麼程度？

不會說話的小嬰兒的視力檢查

人類的嬰兒在出生的時候，腦部還沒有成熟，視力發展與其他動物相比是非常緩慢的。事實上，剛出生的嬰兒視力大約只有○・○二左右。一般視力檢查表最上面那一行用來判別開口方向的C字圖樣大小代表的是視力○・一，也就是說，還要比那個大五倍，小嬰兒才能看得出來C字圖樣往哪個方向開的程度。

這也就代表，小嬰兒最初的視力約莫只能看出抱著他的母親的眼睛、鼻子大概在哪裡而已。對於小嬰兒來說，周遭的東西看起來應該都是一片模糊吧。而且應該也不太能分辨出顏色。

那麼，我們要如何測試還不會說話的小嬰兒的視力有多少呢？

大部分兒童第一次檢查視力大概都是在三歲左右。但是若在生活中覺得有哪裡不對勁，那麼基本上來說，在小嬰兒脖子可以轉動的三個月左右就可以檢查視力。

說來如果需要幫小嬰兒測量視力，該怎麼做呢？一般會使用畫了線條圖樣的板子代替視力檢查表。方法是同時出示畫有黑白條紋的板子和沒有畫東西的灰色板子，然後觀察嬰兒的反應。

有條紋圖樣的板子因爲相當顯眼，所以小嬰兒會一直去看有條紋圖樣的那塊板子。接著，慢慢縮小板子上條紋圖樣的間距，等到小嬰兒分不出跟灰色板子有何差別以後，看兩張板子的頻率就會變得差不多。

也就是說，可以根據小嬰兒大概到多寬

小嬰兒的視力檢查

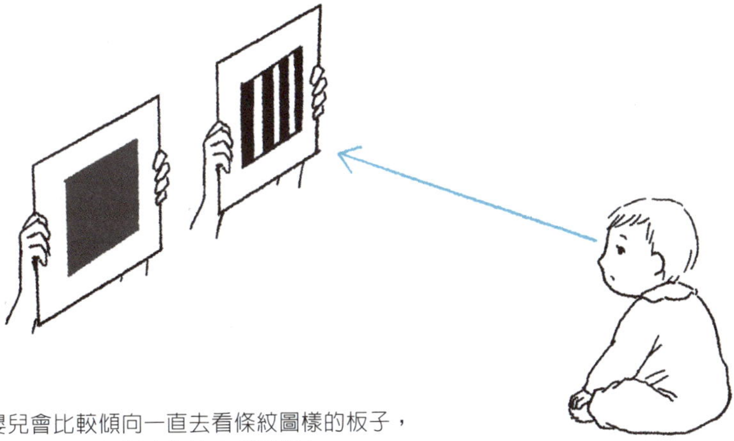

小嬰兒會比較傾向一直去看條紋圖樣的板子，所以用能不能判斷出條紋來測量視力

的圖樣就分不出差異，以此來判斷視力如何。比方說在距離板子三十公分的情況下，可以看到四公厘寬線條的話，視力大概是〇・〇二。

人類視力難以超越二・〇的理由

出生二到三個月後，小嬰兒視力發展起來大概就能在某種程度上認出爸媽的臉。與他們玩遮臉遊戲，他們會覺得高興也是在這個時期。出生三到四個月左右，就可以盯著一個地方看，也就是「固視」，還可以「追視」，也就是跟著會動的東西移動視線。出生六個月後，如果沒有看到母親、或者被陌生人抱起來開始會哭，這種情況就是怕生。

因爲視力超過〇・一之後就能夠區別出母親與其他人的臉部差異，所以小嬰兒在這時候開始就會怕生。另外，這時也開始能夠區別出顏色和形狀，慢慢記住周遭人的臉龐。

另外，出生八個月以後，他們就可以辨識出深度、上下左右和距離等，所以這個時候會開始得到能夠掌握立體物品和空間的能力。

到了五歲左右，平均視力可達到一・〇，六歲前有九〇%以上的孩子，視力都是超過一・〇的。從教室最後面的座位看黑板上的文字，大概就是一・〇左右的程度。人類的視力大約可以維持在一・五左右，幾乎沒辦法超過二・〇。

人類的視力很難超過二・〇，與視網膜上感光細胞的密度（間隔）有關係。視網膜中心的感光細胞很密集，而且感光細胞非常小，和隔壁的細胞距離大概只有二～三微米。一微米是千分之一公厘，也就是一公厘中有幾百個細胞擠在一起。如下圖所示，當我們在看切口爲〇・七公厘、也就是代表視力二・〇的C字時，映照在視網膜上的C字開口的寬度就是差不多三微米。這和感光細胞的間距一樣的。

用來捕捉光線並且感應的就是感光細胞，要看出比它們間距還要小的東西非常困難。視力上限有個人差異，當然也有人超過二・〇，不過一般人的視力上限大概就是二・〇的理由便是在此。

測定視力2.0的C字映照在視網膜的情況

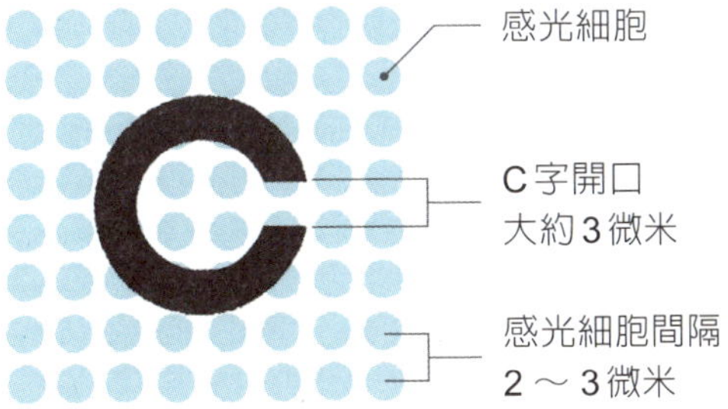

用來測量視力2.0的C字開口大小，映照在視網膜上幾乎和感光細胞的間隔相同，因此會非常難以辨別

人類嬰兒在日常生活中會不斷訓練自己看東西，然後慢慢提升視力。這是因爲要透過看東西來提升腦部處理資訊的能力。人類的小嬰兒大約要到一歲才會走路，但是會被肉食動物獵食的草食動物寶寶都是出生後就馬上站起來，然後基本上就能跑了。因此草食動物的寶寶在出生的時候，就具備了可以馬上奔跑也沒問題的視力。

section

02

慢慢習慣看到的世界

人類的眼睛是反著看東西的！

我們一般都會覺得，眼睛看見東西應該就是那樣，對吧？然而分析人類如何透過視網膜看見東西的話，機制其實比想像中複雜許多。

如果使用放大鏡等凸透鏡讓光線折射後照在螢幕上，那麼形成在螢幕上的影像會是翻轉過來的。眼睛的結構也是如此，抵達眼睛的光線會在角膜和水晶體處折射，並且在視網膜上形成上下顛倒、左右相反的影像。

在視網膜上翻轉的圖像

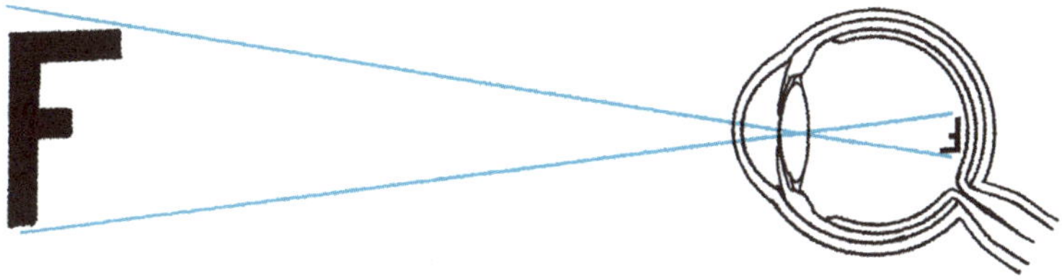

比方說，人類看「F」這個文字的話，視網膜上就會投射出一個上下左右相反的「Ⅎ」影像。這個顛倒的影像經過大腦恢復成原本的影像之後，我們才能理解是什麼東西。這是有使用角膜和水晶體來折射光線的透鏡眼特徵，如果是昆蟲等複眼則影像不會翻轉，會以原先的樣子直接映照出來。

反向眼鏡實驗

那麼若影像跟複眼一樣沒有翻轉就映照在視網膜上的話，透過人類的眼睛看起來是什麼樣子呢？爲了體驗一下，可以使用「反向眼鏡」。

反向眼鏡是能夠將影像上下及左右翻轉的眼鏡，有可以同時翻轉上下與左右，也有可以只翻轉上下或只翻轉左右的商品。這種眼鏡使用特殊透鏡，是以三角柱玻璃做出來的直角稜鏡，讓光線在折射反射下變成翻轉的影像，而這種翻轉的影像經過人類眼睛的角膜和水晶體又會被再次翻轉，就會有正常方向的影像映照在視網膜上。

那麼，透過反向眼鏡看到的影像，腦部又會怎麼處理呢？

爲了調查這部分，先前已經有許多實驗是請受試者長期配戴反向眼鏡來過日常生活。剛開始戴著反向眼鏡的時候，由於所有東西都是顚倒的，大部分的人會因爲腦部資訊混亂而想吐或覺得不舒服。

比方說，戴著只有左右翻轉的反向眼鏡，右手就會看起來是在左邊，聽到聲音是從右後方傳來的車子卻從左前方超車。但是在過了一段時間以後，就會開始習慣這樣的環境。接著就會慢慢可以使用兩手來做出普通動作，大部分的受試者過了兩星期後甚至可以騎腳踏車，過著毫無問題的日常生活。

實際上，戴著反向眼鏡的話，往右邊去的東西對於身體來說會感覺是左邊，從上面落下來的東西也會覺得就是從下面跑上來的。可以看出人類的腦部柔軟度和適應力有多令人驚訝。這也可以證明人類的視覺是自出生以後花費一段時間發展出來，並且在腦部發展期間才轉化爲把相反影像看成正常方向的影像。

小嬰兒也是根據腦部打造出來的影像，透過經驗法則來學習什麼是「上、下、左、右」。

section

03

可以感覺到多遠？

比較一下感受範圍

我們透過感覺器官捕捉周圍的情報。主要感覺器官有視覺、聽覺、嗅覺、味覺、觸覺，也就是所謂的五感。除此之外還有平衡感、內臟感覺等，人類身上有非常多感覺器官。

大家可能會覺得內臟感覺一詞聽起來很陌生，簡單來說就是像肚子餓、感受到心臟跳動這類的感覺。

接下來，我想介紹一下每種感覺器官大概能夠讀取到多遠之處的情報。

「梅花香濃郁　遠地亦能得芬芳　恰如吾念君之心」（梅花的香氣濃郁，因此即使人在遠方也能夠讓人感受到，就像我思念著你的心情。中西進．注釋／一九八四年）

這是萬葉集中市原王所吟唱的知名和歌。正如此和歌所述，嗅覺可以捕捉到相當遠處的情報。但是距離大概頂多是一百公尺左右。一般來說，嗅覺能捕捉的是料理的味道等幾公尺內的情報。

同時，我們來看看其他感覺情報，像平衡感或內臟感覺這類，都是自己的身體或體內的資訊，是來自非常近距離的情報；而觸覺和味覺也是必須要直接用舌頭或皮膚去接觸才能夠感覺到。

另一方面，聽覺就可以捕捉到比嗅覺更遠的訊息。如果是汽笛或雷鳴這種巨大的聲響，就算離好幾公里遠也可以聽到。不過我們日常中大多都是與生活相關的聲音，基本上只會捕捉幾公尺到幾十公尺左右範圍內的情報。

那麼視覺又是如何呢？大家可能會覺得應該跟聽覺差不多，大概就捕捉幾十公尺內的情報吧。但其實我們在看近處東西的時候，也有捕捉到非常遙遠的情報。

舉例來說，我們在看身旁的人，同時也可以看見背景的山稜以及夜空閃爍的星星。要說到底是有多遠，那麼光線可是來自肉眼可見的仙女座星系，距離我們有兩百三十萬光年之遙。可見眼睛是可以接收非常遠距離情報的優秀感覺器官。

不過在陰暗的地方，人類就沒辦法辨識顏色了。雖然可以馬上辨識出夜空中較暗的星星的閃爍微光，但是要肉眼區分出是「紅色／藍色」就很困難。不過用了望遠鏡增強光線以後，就算是比較暗的星星也可以清楚看出顏色。

如果在水中，會有什麼變化？

我們能夠以肉眼看見幾百萬光年外的東西，是因爲相對於聲音及氣味，光線隨距離衰減的比例較小，具備可以傳遞到遠方的性質。

比方說，視力微弱的蝙蝠可以使用自己發出的超音波來偵測障礙物的位置，但是超音波比一般的聲音還要來得容易衰減，所

視覺・聽覺・嗅覺能獲得的情報範圍比較

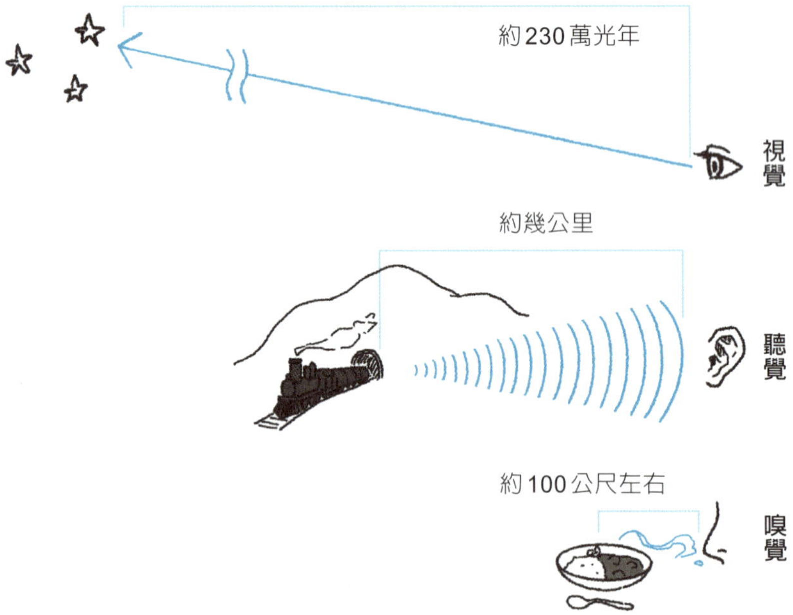

以撞上非常遠處的東西再反射回來的音波就更加微弱，因此據說蝙蝠使用超音波來偵測的範圍，大概也就是幾公尺之內而已。

就像這樣，要在陸地上感知遠方的東西，最好是捕捉資訊衰減量比較小的光線，才能夠捕捉到比較廣泛範圍的資訊。

那麼，如果是像深海海底那種光線本身也不太能夠抵達的水裡又如何呢？超音波在水中衰減的情況不像在陸地上那麼嚴重，所以用超音波偵測的距離可以達到數百公尺。也因此有許多動物不使用光線，而是改以超音波來偵測能當成食物的生物以及與夥伴溝通。

好比海豚就會使用超音波中的脈衝聲來回聲定位，在黑暗海中尋找餌食。大多數魚類能聽到的聲音大約是四千赫茲，但是海豚的脈衝聲是數十千赫茲的超音波，所以牠在尋找餌食的時候根本不會被其他魚類發現。而海豚的回聲定位技術也被應用在尋找魚群的船隻聲納上。

另外，藍鯨在溝通的時候會使用二十赫茲以下的超低頻率音，可以傳到數百公里遠。聲波雖然在頻率愈低的時候，可以傳到愈遠的地方，但是頻率降低時，如果物體比聲波波長還小的話就沒辦法捕捉到了。這是因爲比波長還小的物體不會反射該聲波。也是因爲超低頻率的聲音沒辦法偵測小型生物，所以藍鯨在尋找餌食的時候就會使用高頻率的超音波。

由此我們可以知道，每個感覺器官能夠捕捉到多遠之處的情報，除了感覺器官本身的敏銳度以外，也會由於環境中光線或聲音的傳達方式形成差異。

section

04

可以多快接收到感覺？

比較感覺到的速度

人類使用五感來捕捉的所有資訊量當中，據說有八〇％以上都是來自眼睛的情報。證據就是用來表達聲音、氣味、味覺、觸覺的詞彙數量都相當有限，但是代表顏色的詞彙卻無窮無盡。

在色彩敏銳度高的人類眼中，在光線抵達眼睛之後被腦部認知，這中間要經過什麼樣的過程呢？

首先，光線進入眼睛之後會被視網膜中心的感光細胞捕捉起來。一個眼球上所擁有的感光細胞分爲「視錐細胞」（參照一四四頁）約七百萬個，「視桿細胞」（參照一四四頁）則約有一億三千個，在光線刺激下，感光細胞內一種叫做感光物質的蛋白質會發生化學變化，然後產生電位訊號。

接下來，在非常短的時間內會轉換爲具備一定幅度的脈波，然後該電位訊號就會經由約一百萬條視神經纖維傳送到大腦的視覺領域，這時候我們才會知道那是影像。

五感感受到的所有情報都會轉換爲電位訊號之後才傳送到腦部，而每個感覺器官的傳送方式並不相同。聽覺使用空氣震動、觸覺是把皮膚感受到的壓力直接轉換爲電位訊號、味覺及嗅覺會使用液體或空氣中的化學物質來打造出傳遞情報的物質，產生電位訊號。

也就是說，從感覺器官得到情報到大腦感知，無論如何都會產生時間落差。尤其以視覺來說，必須先用化學方式刺激感光物質，然後才能製造電位訊號，所以相較於直接把刺激變成電位訊號的聽覺與觸覺來說，要花費比較長的反應時間。這也是爲什麼近距離同時發生光線和聲音的話，會先聽見聲音。

刺激愈複雜，反應就愈慢

東京大學的大山正向大家介紹了一個實驗結果，內容是不同感覺的反應時間差異。實驗規則是「聽到聲音之後盡快按下按鈕」，調查受試者受到感官刺激之後到反應爲止需要多久的單純反應時間。這個實驗分別使用了聲音及光線提示，然後調查受試者出現反應需要多久時間，結果是聲音帶來的聽覺刺激及觸覺刺激的單純反應時間爲〇．一四秒，而光線帶來的刺激則需要〇．一八秒才能反應，稍微長一些。另外，嗅覺刺激要〇．二秒以上，味覺刺激則需要〇．三秒以上，比視覺刺激的反應還要慢上許多。

可見使用化學性刺激來捕捉感覺，反應時間會比用物理性刺激來捕捉感覺長一些。

視覺的單純反應時間爲〇．一八秒，聽起來好像會覺得是看到光之後不到一秒、是很短的時間，然而若是在高速公路上奔馳，這就已經有足以釀成重大意外的危險性。

關於這點，我向大家介紹科學警察研究所的牧下寬所進行的實驗。規則是使用那種踩下剎車以後，剎車燈的紅燈就會亮起的汽車，後車只要看到前車亮起剎車燈就馬上踩下剎車，然後調查平均反應速度。測量結果是駕駛後方車輛的司機單純反應時間比我們原先認知的〇．一八秒還要慢很多，大概是〇．九秒。

也就是說，刺激只要稍微複雜一點，反應時間就會猛然變很長。在高速公路上以時速一百公里行進的車輛，〇．九秒就能前進約三十公尺。因此若二十公尺前的車輛忽然剎車的話，就算後車發現了並馬上踩下剎車，也還是會撞上去。高速公路上很容易發生追撞的理由之一，就是用眼睛感知情報再踩剎車時會有時間落差。

視覺捕捉了當下的資訊，然而眼睛擷取的資訊要傳達到腦部並且產生反應，需要花的時間比我們想像中的還要長。尤其是腦部功能已經逐漸衰退的年長者，在眼睛感受到東西之後再行動的反應速度會更加遲緩，因此非常容易發生汽車意外。爲了防範未然，最重要的就是行進時必須與前方車輛保持足夠的安全距離。

section

05

調整光線量的瞳孔形狀

會變化的瞳孔大小

人類眼睛的虹膜，功用是改變瞳孔大小來調整送到視網膜上的光線量。舉例來說，就是類似鏡頭快門的用途。人類從陰暗處前往明亮處時，眼睛裡的瞳孔會縮小，這樣送到視網膜上的光線量就會減少。相反地，如果從明亮處前往陰暗處，瞳孔就會放大，這樣送到視網膜上的光線量就會增加。

以人類來說，瞳孔的直徑大約在二～八公厘上下變化。瞳孔縮小只需要幾秒鐘，不過放大需要花費數十秒。從明亮處移動到陰暗處的時候，會因爲黑暗而有一段時間很難看到東西的原因之一，就是因爲調整瞳孔需要時間。

另外，瞳孔的尺寸也會隨著年齡增長而愈來愈小。年歲增長後在陰暗處就會看不清楚東西，也是因爲瞳孔這個光線入口本身已經縮小，送到視網膜的光線量減少的關係。

日文中有個俗話說法是「變得跟貓眼一樣快」，指的是事物變化相當快速。這是因爲貓眼的瞳孔會因爲亮度而變細或變圓，形狀及大小都會劇烈變化。

爲什麼我們會覺得貓眼變化如此之大，是因爲人類的瞳孔是圓形的，但貓的瞳孔平常會變成縱向線狀。貓的瞳孔在明亮處會變得細細長長、在陰暗處就會變得又大又圓。線條狀瞳孔的優點就是跟圓形瞳孔相比，能夠更大範圍調整進入視網膜的光線量。

尤其是變圓的時候，瞳孔大小還能放得更大，就算在非常黑暗的地方也能夠接收許多光線送到視網膜上。就是因爲有這樣的功能，身爲夜行性動物的貓咪就算在黑暗中也能夠捕捉獵物。

豎條瞳孔・橫條瞳孔

以貓科動物來說，如果是像貓咪那樣的小型動物大多有豎條狀瞳孔，而像獅子那樣的大型動物則傾向於圓形瞳孔。瞳孔的動作就想像成鏡頭快門那樣應該就很好理解了。快門如果放大的話，焦點容易集中在中心、周遭的景色都會有些模糊；快門縮小的話對焦範圍就會變寬。

也就是說，豎條狀瞳孔的焦點只有一個點，但是圓形瞳孔的對焦範圍比較寬廣。而圓形瞳孔的優點正在此。

小型的貓科動物大多採用埋伏的方法來獵食獵物，因此只需要瞄準獵物就可以，對焦只對在一點上也沒有任何問題。尤其是夜行性動物要在陰暗處抓獵物，光線調整範圍較大的豎瞳會比較方便。

另一方面，在白天追

貓與馬的瞳孔差異

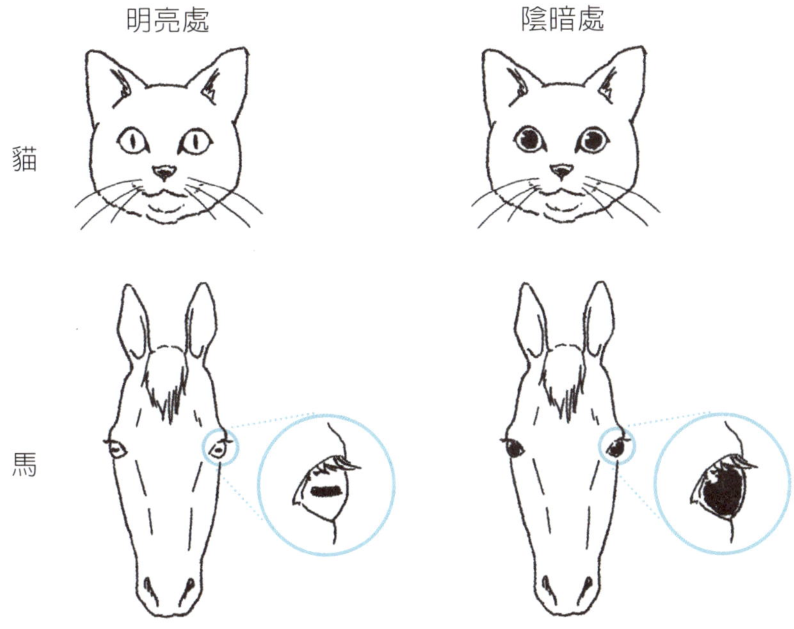

貓的瞳孔是豎直線條形狀，
馬的瞳孔則以橫條線條形狀來調整亮度

捕獵物的大型動物因爲必須正確掌握自己與獵物之間的距離，所以對焦範圍寬廣的圓形瞳孔會比較適合。

那麼，被捕食的馬匹等草食動物的眼睛又是如何呢？牠們有著橫條狀的瞳孔。橫瞳就算是身處明亮處，縱使爲避免光線眩目而縮小瞳孔，也還是能保有寬廣的視野。另外，在陰暗處也可以擴大成圓形瞳孔，能夠接收大量光線。

擁有如針般瞳孔的眼鏡猴

另外，也有把瞳孔盡量放大來接收更多光線的動物。在菲律賓和印尼有一種體長大約十公分左右的眼鏡猴，正如其名，有一副大到像掛著眼鏡一樣的圓圓大眼睛。單一隻眼睛的大小幾乎就跟腦部一樣大。

因爲實在太大了，所以根本無法轉動眼睛去看東西。要移動視線的時候，牠們只能先轉動脖子來把頭部轉往要看的方向，同時頭部也能像貓頭鷹那樣轉向正後方。眼鏡猴是在樹上吃昆蟲或蜥蜴之類生物過活的夜行性動物，爲了要在陰暗森林中也能夠找到可以當食物的昆蟲，才讓眼睛發展到如此誇張的程度。

眼鏡猴的感光細胞幾乎都是能夠在陰暗處工作的視桿細胞。因此白天的時候，牠們會把瞳孔縮到跟針孔一樣小，盡可能減少打到視網膜上的光線才好過活。

由此我們得以了解，在弱肉強食的嚴苛自然環境中，動物們爲了要活下去，就連瞳孔的形狀都是依據牠們的生存戰略演化出來的。

section

06

可以區分出多少顏色？

感光細胞的種類與色覺

爲了要順利生存，動物們的眼睛會配合環境來完成進化。像人類就是不管在明亮處或者陰暗處都能看見東西。也許大家覺得這是理所當然，但其實這是一種非常令人嘆爲觀止的能力。

能夠在白天及夜晚之間巨大的明暗落差下都能看見東西，是因爲人類有兩種敏銳度相異的感光細胞。在陰暗處工作的感光細胞是「視桿細胞」，而在明亮處工作的則是「視錐細胞」。人類能夠在白天看到多采多姿的繽紛世界，是因爲有三種可以在明亮處工作的感光細胞（視錐細胞）。以人類來說，在陰暗處工作的視桿細胞只有一種，所以在晚上要辨別顏色會比較困難。

只有一種感光細胞的動物，就無法區分顏色差異，不過可以辨別明暗度。人類有著分別對於紅光、綠光、藍光敏銳度較高的三種視錐細胞（L視錐細胞、M視錐細胞、S視錐細胞），所以只要是在明亮處，就可以辨識出細微的顏色變化。

那麼，爲什麼有兩種以上的視錐細胞就可以辨識顏色呢？這是因爲透過比較兩種以上、擁有不同波長敏銳度的視錐細胞訊號，就可以知道顏色差異在哪裡。那麼就讓我們以有三種視錐細胞的人類來舉例說明辨識顏色的機制。

由三種視錐細胞辨識顏色的機制

綠色葉片會吸收紅色及藍色光線，只反射綠色光線，所以看起來是「綠色」

藍天是因為和紅、綠兩種光線相比，藍光更容易被散射，而更易於抵達眼睛，所以看起來是「藍色」的在看綠色葉片的時候，接收綠色光線比較敏銳的視錐細胞的訊號會比較強烈，而接收紅、藍兩種光線比較敏銳的視錐細胞訊號比較小。而當我們在看藍天的時候，接收紅、綠光線較敏銳的視錐細胞訊號比較小，而接收藍色光線敏銳度高的視錐細胞訊號比較大。

如此比較「接收綠色光線的視錐細胞」、「接收藍色光線的視錐細胞」、「接收紅色光線的視錐細胞」三種細胞的訊號大小，就可以辨別出顏色。

那麼，在看光的三原色，也就是紅、藍、綠以外的顏色時，會發生什麼樣的反應呢？

舉例來說，看到紅綠燈中的黃燈時，接收紅、綠光線敏銳度高的視錐細胞訊號會變大，而接收藍光的視錐細胞的訊號則會變小。會看起來是黃色，是根據紅色視錐細胞和綠色視錐細胞的訊號，在視網膜內的神經細胞中打造出黃色的訊號。而在看到紫色花朵的時候，紅色與藍色的視錐細胞訊號會變強，而綠色的視錐細胞訊號則會減弱。然後依據紅色視錐細胞與藍色視錐細胞的訊號，就會變化出紫色的訊號傳達到腦部。

有著比人類多四倍色覺的蝦蛄

辨識顏色的感覺就稱為「色覺」，若視錐細胞有兩種就稱為二色覺，有三種就是三色覺。由於人類有三種視錐細胞，因此在明亮的場所中就可以使用三色覺來觀看物體。

哺乳類以外的脊椎動物和節肢動物中，有許多動物擁有比人類更多種視錐細胞。不同昆蟲的視錐細胞的種類數量也不同，蜜蜂有三種、鳳蝶有五種，牠們都具備能夠感測紫外線的感光細胞。一般來說，視錐細胞的種類愈多，能夠辨識出來的顏色就會增加，因此具備四種以上視錐細胞的昆蟲眼中的世界，應該比人類看到的還要五彩繽紛。

尤其是棲息在海中的節肢動物蝦蛄，視錐細胞的數量實在鶴立雞群，居然高達十二種。當然我們因此會推論牠的顏色辨識能力應該比人類高出許多，然而最近的研究指出，牠們其實不太擅長辨別顏色。

據說人類只要光線波長差了幾奈米，我們就能夠知道是不一樣的顏色，但是蝦蛄即使是到了十倍差異也還是分別不出有什麼地方不同。

比方說，黃色和橘色的光線波長大概差了十五奈米，在人類眼中看起來是兩個完全不一樣的顏色，但是蝦蛄就分不出來。人類會將三種感光細胞的資訊經由視網膜內的神經細胞組合搭配之後，再讓腦部辨識出更多顏色。而另一方面，蝦蛄處理資訊的方法比人類單純，十二種感光細胞的資訊都是個別處理。

也就是說，十二種感光細胞分別只能辨識各自指定的顏色，沒有針對情報進行相對比較，所以無法識別出更多顏色。

但是這種資訊處理方式對於腦部來說比較輕鬆，也能夠加快情報處理速度。蝦蛄透過擁有數量比較多的感光細胞，在減輕腦部負擔的同時，又能夠馬上分辨種類眾多的獵物或敵人。

可見就算感光細胞的種類比較多，也不一定就能夠看到更爲多采多姿的世界。

色覺隨季節改變的青鱂

青鱂在春季至夏季繁殖期的時候，爲了要對異性展現出自己已經成長到成熟階段，尾鰭和背鰭的橘色與黑色會變深，身體整體會出現婚姻色的橘色。同時只有這個時期，青鱂的色覺會比較發達，能夠分辨出不同顏色。

名古屋大學的新村毅進行實驗，讓夏季的青鱂和冬季的青鱂各自觀看黑白色的青鱂與婚姻色的青鱂，並且確認牠們的反應。結果兩者對於黑白色的青鱂都毫無反應，但是展示婚姻色青鱂的時候，只有夏季的青鱂會被吸引過來。由這個結果可以知道，青鱂的色覺會隨著季節產生變化。

那麼，青鱂到底是怎麼樣讓色覺產生變化的呢？

人類的眼睛具備對於紅、藍、綠敏銳度較高的三種視錐細胞，但是青鱂的眼睛有一種紫色、兩種藍色、三種綠色、兩種紅色，也就是總共八種視錐細胞。這是根據感光細胞中的感光物質種類來區分這些視錐細胞種類。

色覺隨季節變化的青鱂

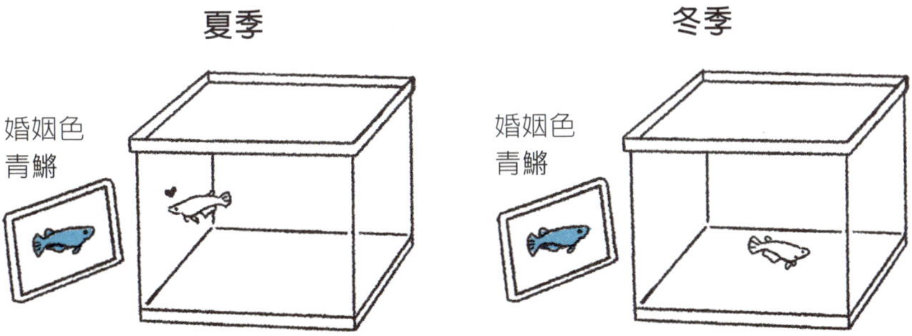

只有夏季的青鱂會被擁有婚姻色青鱂吸引過來，
可推論青鱂的色覺是隨季節變化的

存在於動物的視桿細胞的感光物質為視紫質，而存在於視錐細胞的則是光視蛋白。讓青鱂色覺產生變化的，正是光視蛋白當中的視蛋白。而後續的研究中也發現，冬季的青鱂會讓視蛋白量下降，之後色覺就會發生變化。

這很可能是因為製造視蛋白對於身體來說負擔很大，因此青鱂只有在春季到夏季的繁殖期才會製造視蛋白。實際上青鱂在冬季幾乎不吃東西，就算沒辦法好好辨識顏色，生活上也不會有什麼困難。所以色覺會改變是為了不要浪費無謂的能量，並把精力都儲備下來，才能用在必須好好活動的繁殖期。

黑暗中也能分辨顏色的青蛙

人類在陰暗處可以工作的視桿細胞只有一種，所以在黑暗中無法辨別顏色。晚上如果把燈關掉之後，會需要好一會兒讓眼睛習慣了，才能勉強模糊看見房間裡的樣子，但應該沒辦法辨識出掛在牆壁上的海報或者窗簾顏色。

大部分的脊椎動物都和人類一樣，沒辦法在黑暗中辨識顏色，不過青蛙擁有對綠色和藍色比較敏銳的兩種視桿細胞，因此在黑暗中也能夠辨識出不同顏色。

爲什麼有藍、綠兩種視桿細胞就能夠辨識出顏色呢？這就跟視錐細胞一樣，只要比較「辨識出綠色光線的視桿細胞」和「辨識出藍色光線的視桿細胞」訊號大小，就可以分出不同顏色了。

不過青蛙的視桿細胞只有兩種，所以能辨別的顏色沒辦法像白天那麼多。尤其是紅色和黃色應該很難分辨出來。青蛙的食物是小型昆蟲，不同種類的昆蟲其顏色也是各式各樣。晚上能夠辨別顏色的話會比較好找到食物，對於夜行性的青蛙來說比較有利，可能是因此才演化爲如此特別的情況。

section

07

看不見的顏色、感受不到的顏色

不認識「紅色」的哺乳類

窺探動物們，好比蝦蛄、青鱂、青蛙等，牠們見到的世界與人類有著完全相異的顏色。想來肯定是為了配合生活環境，讓自己的生存比較有利而演化出各自的色覺。

那麼，人類的眼睛為什麼會有三種視錐細胞呢？

為了要了解這件事情，就必須追溯到恐龍興盛的中生代。活在那時候的哺乳類大多是夜行性生物，因此不需要像現在這樣辨識出那麼多種顏色。也因為如此，現在哺乳類大多也只有人類身上對藍光敏銳度高的S視錐細胞和對紅光敏銳度高的L視錐細胞這兩種。

有兩種視錐細胞的話，雖然可以辨識出顏色，但能夠區分出來的顏色數量卻不多。如果只有S視錐細胞和L視錐細胞，那麼綠色、黃色、橘色看起來都差不多，紅色則有些暗沉。有一部分猴子和人類等靈長類多了M視錐細胞，對綠色的敏銳度變高以後，靠著三種視錐細胞就能夠辨識出更多顏色。靈長類會擁有三色覺，據說應該是爲了要看出紅、黃、橘色等果實成熟以後才會出現的顏色。

如果只有二色覺，就很難分辨綠葉及紅色或黃色的果實有何不同，因此把果實當成食物的靈長類在進化過程中，演化出第三種視錐細胞，而有了三色覺。有件事情說起來可能有點意外，但其實血液顏色這種紅色，只有靈長類看得出來，在其他哺乳類眼中應該會覺得血液黑黑的。

不過，並不是三色覺就比較優秀。如果要尋找昆蟲的話，二色覺還比較有利。比方說，綠色葉片上有黃色昆蟲，由於顏色明顯，所以在三色覺的眼睛看來會很容易找到；但是和綠色葉片有著相同顏色的擬態昆蟲，明度差異會比顏色更來得好判斷，所以比較容易分辨出對比度的二色覺眼睛會比較好用。尤其是在森林深處等非常陰暗的地方，二色覺能夠捕捉到比較多昆蟲。

可見並不一定有三色覺就比較有利。以採集爲主的生活的確是三色覺會比較方便，但是狩獵活動有時候是二色覺比較好。實際上有調查結果顯示，狩獵民族較多的白人，眼睛是二色覺、也就是色弱的比例上，比起大多以採集果實來過活的黑人來得高。狩獵過活的獅子等肉食動物也只有二色覺，沒有發展出更多色覺，可能也是爲了要容易發現隱藏在草原中的草食動物。

感覺不到自己肌膚的顏色？

人類的眼睛還有另一個有趣的特徵，就是幾乎感受不到自己肌膚的顏色。在日常生活中，大多數人應該會覺得自己的肌膚顏色彷彿是無色的。但是對於他人的膚色就非常敏銳。只要與自己的膚色稍有不同，就會非常敏銳地捕捉到這個訊息。尤其是不同人種，這樣的傾向會更加強烈。

這就像是手去摸攝氏十度和十一度的東西感覺好像沒什麼區別，但是當溫度接近體溫的三十七度和三十八度的差異就會非常清楚。大家對於肌膚的顏色感受也是以自己作爲標準，然後對於相異的東西比較敏銳。

另外，對於那些將與他人的溝通視爲生存上至關重要之事的人來說，他們通常也對肌膚顏色變化比較敏銳。這是因爲人類在生氣的時候臉會變紅、不舒服的時候會臉色蒼白，因此對於他人的肌膚顏色敏銳，就能夠察覺對方的情緒或身體變化。

當然這可能也跟鏡子被發明出來以前，人類很難看到自己的面貌有關，總之人很難發現自己的顏色變化。而色覺不發達的其他哺乳類，臉部會被毛髮覆蓋，所以根本搞不清楚臉部顏色。

就像這樣能夠根據肌膚顏色變化來判斷，並從視覺資訊了解情緒變化和生理狀態，正是可以辨識多種顏色的靈長類才具備的特性。

chapter

5

感受光線

對於棲息在地球上的生物來說，光線是不可或缺的要素。生物大多數是在陽光下完成演化，適應了來自上方的強烈日光，以及地球自轉帶來的晝夜明暗節奏。那麼，「光線」到底會對身體造成什麼樣的影響呢？

section

01

將光線作爲顏色來感受的機制

光線波長打造出顏色

從太陽照射下來的白色光線，包含了短波長到長波長的各式各樣光線在內。光的顏色會因爲波長相異而看起來不同，而波長由短至長分別是藍色、綠色、黃色，到波長最長的是紅色。傍晚的天空看起來是紅色，正是因爲太陽的高度較低，光線穿過大氣層的距離變長了，所以波長較長的光線比較容易穿透，進入眼睛的量也比較多。

光線抵達視網膜以後，我們就會將其辨識爲「顏色」。但是光線本身是沒有顏色的。最初透過實驗來研究顏色樣貌的牛頓也曾留下名言說：「光線沒有顏色。」正如他所說，波長不同讓我們覺得顏色不同，是因爲人類擁有以這種方式感受光線的眼睛與腦部結構。

如果讓陽光穿過一種三角柱玻璃，也就是三稜鏡，光線就會因爲折射差異而分散成紅、黃、綠、藍。波長短的藍光，折射率很大；波長比較長的紅光則不太折射。由於這樣的機制，白色的太陽光就會看起來被分成七個顏色。

彩虹看起來有七個顏色，也是因爲雨後的陽光被那些飄蕩在空氣中的水滴反射的時候，由於光線折射率不同而將白色光源分散出來。不過眞正的彩虹顏色是慢慢變化的，每個顏色之間並沒有明確的界線。

另外，打到水滴上的陽光看起來會變成七個顏色，相對地若把各種波長的光線混合在一起，原先的顏色效果就會消失、看起來像是白色。

利用三稜鏡分散顏色

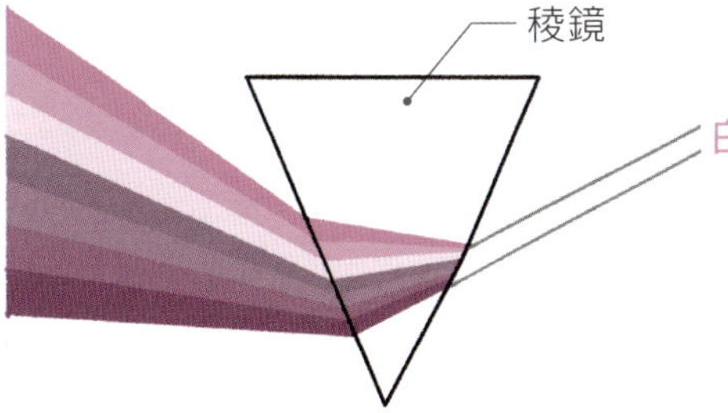

白色光線穿過三稜鏡之後，
會因為光線折射率不同而分散成七色

物體看起來有顏色的理由

我們身處一個五彩繽紛的世界。藍色的盤子、綠色的葉片、黃色的標識、紅色的番茄……。雖然我們覺得東西看起來是藍色或紅色，其實物體的表面並沒有顏色。如果白光打到一個東西上面，表面的原子或分子就會反射出一部分光線，並且吸收或讓剩下的光線穿過，所以在我們的眼中，物體的表面就看起來有顏色。

也就是說，光線打到物體上並反射或者穿透，物體才會有顏色。比方說，綠色葉片會大量反射波長長度中等的光線（綠色），其他短波長光線（藍色）和長波長光線（黃、紅）幾乎都吸收掉了。因此，只有中等長度波長的光線會送到人類的眼睛裡，我們就覺得葉片看起來是綠色的。

話說回來，綠色葉片會吸收紅、藍光，是因為要使用這些光線進行光合作用，打造澱粉和醣類。綠葉當中的葉綠素會吸收光合作用需要的紅、藍光線，然後把光合作用過程中用不到的綠色光線反射出去。葉片到了秋天會變成紅色，是因為氣溫降低後就停止供給葉片醣分和水分，葉片裡的葉綠素被破壞掉了，並且開始製造紅色色素花色素苷。而花色素苷會反射紅色光線，所以到了秋季的時候葉片才會變成紅色。

section

02

結構所打造出的複雜顏色

色素色與結構色的不同

自然界的顏色大致上可以區分為「色素色／化學色」與「結構色」兩種。色素色就是如前一節所提到的，是由我們認知為紅色或藍色等反射光以及吸收光線等機制所打造出來的顏色。

例如，紅色色素的特性是反射波長較長的紅色光線，並且吸收其他波長的光線，因此東西會看起來是紅色的。美麗的紅葉以及曬成小麥色的肌膚都是來自色素色。

那麼，結構色又是什麼呢？簡單來說，就是由於物體表面有細緻的凹凸或孔洞並在反射光線後帶出顏色的現象。特別指和光線波長差不多或者比波長還小的結構所打造出來的顏色，比方說水滴反射太陽光後出現的彩虹就是結構色。

美麗的吉丁蟲還有藍色眼珠等，都屬於結構色。吉丁蟲和虹膜都不含有該顏色的色素，而是有著與光線波長相近的細微膜層或凹凸等來反射光線，因此只有某個波長的光線可以抵達觀察者的眼睛，所以看起來就會是特定的顏色。

結構色的型態有好幾種。主要範例包含「肥皂泡等薄膜造成光線干涉」、「吉丁蟲身上那種因爲多

最具代表性的結構色機制

肥皂泡等薄膜
造成光線干涉

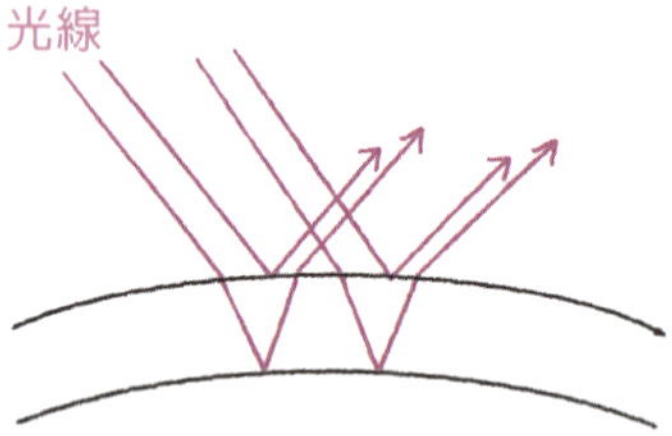

薄膜厚度與波長大小接近，上層與下層反射的光波會忽強忽弱而產生的顏色

吉丁蟲身上因為擁有多層膜
所造成的光線干涉

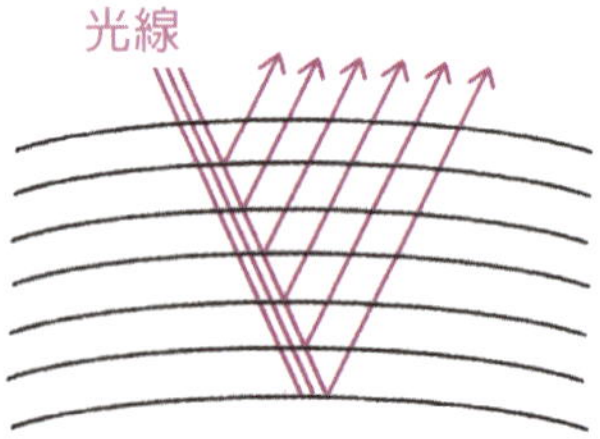

多層膜的厚度與波長大小接近，每一層反射的光波忽強忽弱而產生的顏色

閃蝶等由於細微溝槽或
凸起造成的光線干涉

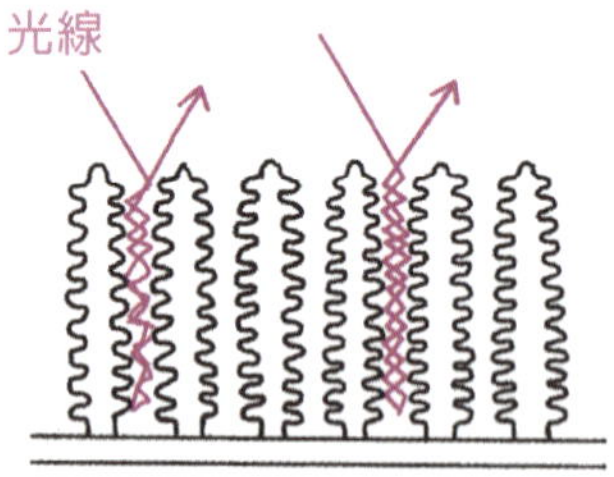

與波長大小接近的細微結構重覆排列，因此光線打到物體上的時候，反射或回射的光波忽強忽弱而產生的顏色

藍天等因為細小粒子
造成的光線散射

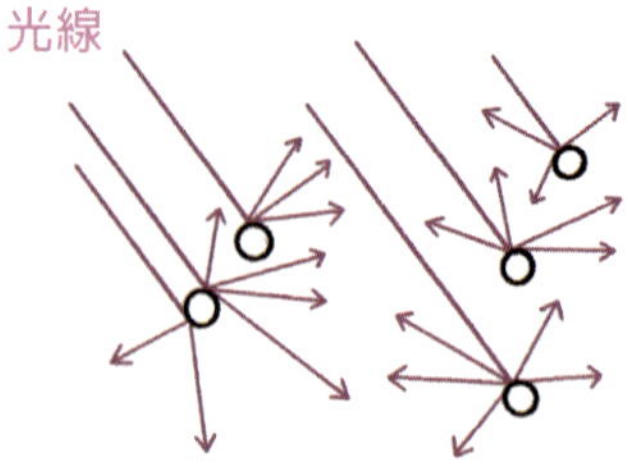

光線打到比波長還小的細微粒子上，特別是波長愈短的光線愈容易散射並因此打造出的顏色

層膜所造成的光線干涉」、「CD或閃蝶等由於細微溝槽或凸起造成的光線干涉」、「藍天等因爲細小粒子造成的光線散射」等。此處所說的干涉是指光線打到細小結構上反射的時候，會有多道光波疊合在一起，因此會成爲有強有弱的新光波。

吉丁蟲的身體表面會有好幾層跟光線波長差不多、非常薄的薄膜，每一層都會反射光線，而這些光線就會結合成有強有弱的新光線，打造出非常美麗的金屬光澤。結構色會因爲觀看方向不同就發生顏色變化，正是因爲光線前進方向改變以後，不同波長的光也會各自變強或變弱，而使顏色改變。比方說，長波長光線較強、短波長光線較弱就會看起來偏紅色，相反則看起來是藍色的。

若爲偏光，無論波長如何，波的方向都是一致的，但在結構色中波的方向並不一致，而是波的強弱會因波長不同而出現變化。所以某個顏色就會看起來比較明顯。

顏色會褪色的理由

雜誌封面或者看板等物品顏色會逐漸變淡，這是由於色素如果長時間曝曬在陽光下，就會褪色。所謂褪色就是光線打下去之後，構成色素分子的原子與原子間結合被切斷，分子遭到破壞。

但是結構色是由物體表面細緻結構造成的顏色，所以只要結構不變，就不會褪色。事實上，的確也曾發現四千七百萬年前的吉丁蟲化石依然保有鮮豔的顏色。經年累月後，電器產品等物品的金屬光澤會消失，是因爲有汙垢附著在表面上，使金屬失去表面光滑。所以只要打磨表面使其恢復光滑，再次露出內部結構，就能夠重新閃閃發光。

除了吉丁蟲和閃蝶以外，金龜子、藍刻齒雀鯛等許多動物身上也能看到結構色。烏賊也有結構色，可以改變多層膜的結構來自由自在地變化身體顏色。自然界中有許多無法定調爲單一顏色的複雜色彩。

鏡面反射與漫反射

物體的顏色必須要有光線打到表面後並反射出來送到人類的眼中，才會被認知爲有顏色。這時候光線反射程度也會影響我們對於物體的亮度及輝度的感受。

光線反射大致上區分爲「鏡面反射」及「漫反射」兩種。鏡面反射就是當光線射進像鏡子、打磨過的金屬面或者平靜的水面等平滑表面上，光線的入射角等於光線的反射角。而漫反射則是因爲光線打在有細緻凹凸的表面上，因此會反射到各種不同方向的狀態。一般來說，物體表面反射的光，同時包含了鏡面反射與漫反射。

當中如果鏡面反射成分（入射角與反射角相等的反射光）較多，就會往特定方向反射出強烈光澤，而且這個鏡面反射成分愈多，就會發出愈強烈的光芒。金和銀會比其他顏色更有光澤感、更加顯眼，就是因爲表面平滑使該物體鏡面反射成分比較多。

漫反射打造出閃閃發光的黃金繭

有一種稀奇的繭，因爲纖維內部會造成漫反射因而光澤更加耀眼，看起來像黃金一樣閃閃發光。自古

鏡面反射與漫反射

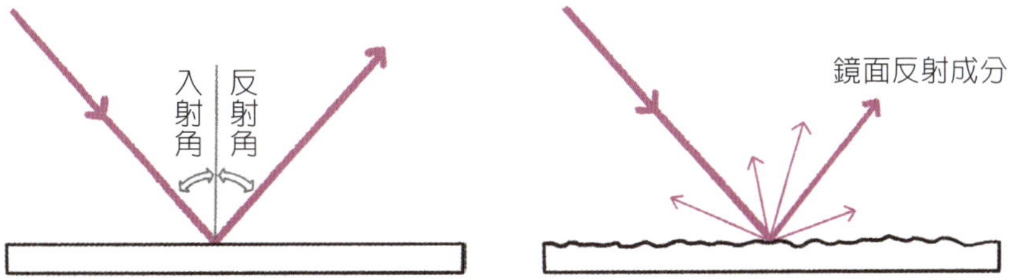

鏡面反射

打磨過的金屬面等處
比較容易發生鏡面反射

漫反射

一般來說物體表面的鏡面反射成分愈高，
就會看起來愈亮

以來在日本也會拿來製作絹布的蠶蛾的繭，是一種與棉花和羊毛不同，幾乎沒有斷開來、一條長達幾百公尺的纖維。這種表面平滑的長纖維製造出來的絹布就會具有光澤。除了蠶蛾以外，能夠用來製作絹布的昆蟲還有很多，最近比較受到矚目的是棲息於印尼的一種天蠶蛾，由牠們的繭製造出來的生絲比一般的生絲具備了更為強烈的光澤。

這種天蠶蛾因為會啃食腰果樹等植物的葉片，所以被當地人視為害蟲，不過在東京農業大學的赤井弘研究下，發現牠所製造的絲線，有著蠶蛾絲線不具備的厲害特徵。

首先，蠶蛾製作的纖維斷層面非常平均，但是天蠶蛾所製造的纖維斷層面卻是不規則排列、大小相異的絲線奈米管。一般來說，光線散射是發生在物體表面，不過因為天蠶蛾的絲具有這種細小的空氣管，所以穿透纖維表面的光線會在內部的空氣管中再次漫反射，所以光澤比一般的生絲還強，而且含有黃色色素，所以會看起來綻放著有如黃金般的美麗光輝。

另外，天蠶蛾的生絲還有個特徵，就是因為裡面有空氣管，所以非常輕。而且紫外線也會被細小的空氣管散射，所以有阻擋紫外線的效果。近來使用天蠶蛾生絲製作的布料、燈罩都看起來有如使用金箔製作的產品，非常受歡迎。

北極熊的毛不白

棲息於北極圈內的北極熊，在日文中又叫做白熊。正如其名，牠的毛看起來是白色的，但其實北極熊的毛並非白色，而是透明的。那麼，爲什麼在人類的眼中會是白色的呢？

這是由於光線散射造成的結果。北極熊的毛和其他動物的毛不同，內側是像吸管那樣的中空結構。因此當光線打在長著濃密熊毛之處的毛髮表面和內部空洞，光線就會散射到四面八方，在人類的眼中就是白色的。

光線如果打到物體上沒有被吸收而是散射，就會有各式各樣波長的光線混在一起，因此在人類的眼中看起來就會是白色。透明的雪以及打上岸的浪花會看起來偏白，也是因爲光線散射。相反地，光線如果大多被吸收、沒有什

北極熊的毛看起來是白色

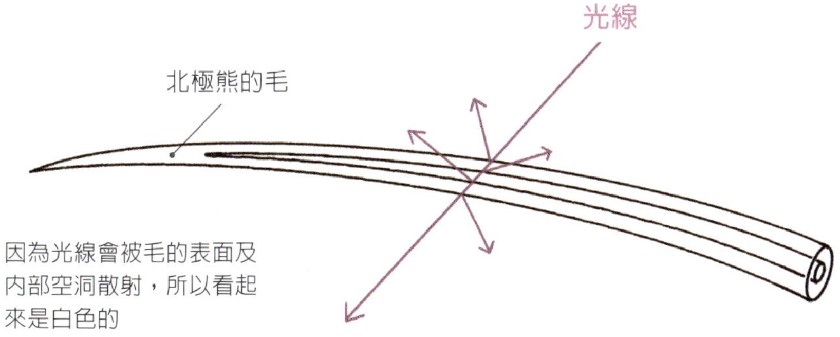
光線
北極熊的毛
因為光線會被毛的表面及內部空洞散射，所以看起來是白色的

麼散射的話，就會看起來是黑色的。人類的白髮也和北極熊的毛一樣，其實是透明的，只是因爲缺少了黑色素以後，光線在毛髮內部散射而看起來發白。

北極熊的毛由於光線反射而看起來白白的，在被雪及冰包覆的北極圈中會成爲保護色，對於牠們獵捕食物相當有利。另外，內側是空洞的毛也有著鋪棉外套那樣的功效，保溫效果很好，對於生活在寒帶北極圈中的北極熊來說是不可或缺的功能。中空的構造也讓牠們的毛更輕盈，可以利用浮力在水中游泳，幫助牠們捕魚。北極熊雖然身體巨大，卻能在海中敏捷游泳，祕密就在牠們的毛上。

光線散射會讓物體看起來是白色的機制，也被應用在白墨上。如果要印刷在玻璃紙之類的透明物體，或者底色並非白色的東西上時，沒有使用白墨就無法表現出白色。這種時候使用的水性白墨，當中就有使用中空透明粒子製作的商品。光線打到透明的粒子上會散射，在人類的眼中就是白的。這種透明的中空粒子使用起來很簡單，和以前的白墨比起來據說對於環境所帶來的負擔也比較少。

順帶一提，如果光線打到比波長還要小的細微粒子上，會擴散出許多波長短的藍光，人類就會覺得看起來是藍色的。天空的顏色會偏藍，正是因爲光線打在比波長還小的空氣分子上造成光線散射。粒子大小如果比光線波長大，那麼所有波長的光線都會被反射，比方說雲朵在人類眼中看起來就是白色的。

由這些原理我們可以知道，光線反射會隨物體表面及內部結構而異，導致顏色看起來的樣子也跟著產生變化。

打造出透明感的肌膚狀態

帶有透明感的美麗肌膚，也和光線反射有著密切關聯。皮膚由外側起爲表皮、眞皮、皮下組織共三層構成。表皮的最外面是角質層。光線有一部分會穿透角質層並抵達表皮和眞

肌膚狀態與光線反射

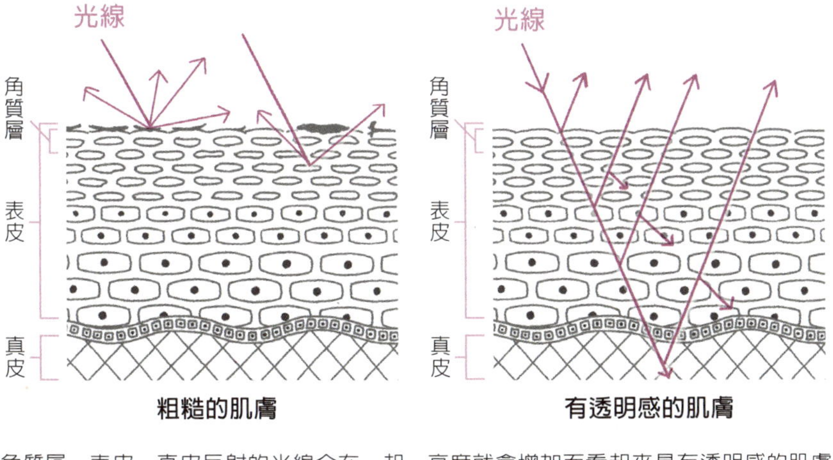

角質層、表皮、真皮反射的光線合在一起，亮度就會增加而看起來是有透明感的肌膚

皮，這時候在人類眼中看見的，是不同皮膚層將光線用鏡面反射或漫反射回來的光。

這代表我們平常看見的「膚色」是角質層、表皮、眞皮各自反射並合在一起的光。

進入皮膚內部的光線如果大多是以漫反射的方式彈回，那麼亮度就會比較高，同時會覺得反射的表面有深度，因此看起來是通透的皮膚。化妝品中的粉底含有大量反射光線的成分，所以能靠著漫反射爲肌膚帶來透明感。

人類雖然會有人種不同而生來肌膚顏色不同的情況，但這其實也跟肌膚的透明感息息相關。白皙的人和我們黃種人相比，黑色素較少、在內部散射的光大部分會反射出來，所以看起來透明度比較高。

另外，像年輕人的肌膚那樣略帶點紅色會有提高透明感的效果。這是由於白皙的肌膚比較容易讓人感受到紅色，所以帶點紅色來增加亮度也會有所影響。

至於肌膚粗糙就會看起來暗沉，是因爲光線在皮膚表面就被反射出去，沒辦法好好抵達皮膚下層。爲了要讓皮膚看起來有透明感，最重要的就是好好保濕、維持肌膚的潤澤度，避免乾燥或粗糙，讓光線能夠穿透表皮及眞皮，增加反射出來的光線量。爲了維持美麗的肌膚，保濕對策眞的很重要呢。

section

03

順應光線環境的眼睛機制

習慣亮度

若是不斷給予相同的刺激，人類的感覺器官對於該刺激的敏銳度就會慢慢下降，到最後就會完全感受不到。相對地若是刺激慢慢減弱，敏銳度就會緩慢上升，逐漸變成就算只有微弱刺激也能夠感覺到。

如果是平常聞不太到的氣味，就能夠敏銳感受到，但是在那個環境中待一段時間後，就會完全感受不到了。這就是爲什麼周遭的人都會感受到某個人的體味，但當事者卻不知不覺。食物也是一樣，如果喜歡鹹的東西並且一直吃，之後就會愈來愈感受不到鹹味，結果口味愈吃愈鹹。

同樣地，眼睛也會以這樣的方式去適應光線。晚上要睡覺的時候，關掉房間裡的燈，會有好一會兒看不到任何東西，但是大概五分鐘後就能夠隱隱約約看見房間中家具的輪廓，這是因爲眼睛的敏銳度提升後，可以利用從窗簾透進來的些許光線看見房間中的物體。這就稱爲「暗適應」。

這時候的眼睛敏銳度甚至高到在明亮場所時的一千倍以上。不過，若是在白天的大太陽底下這種非常明亮的場所移動到完全黑暗的地方，那麼眼睛要完全習慣就需要花費大概三十分鐘。另一方面，如果從完全黑暗的地方驟然移動到明亮之處，或者晚上打開房間裡的電燈，雖然有一瞬間會覺得光線眩目，但應該馬上就不覺得刺眼了。這稱爲「明適應」，眼睛要習慣明亮大概只要花一～二分鐘左右。明適應不像暗適應那麼花時間。

理由應該是因爲以前人類祖先居住在洞穴

明適應不花時間的理由

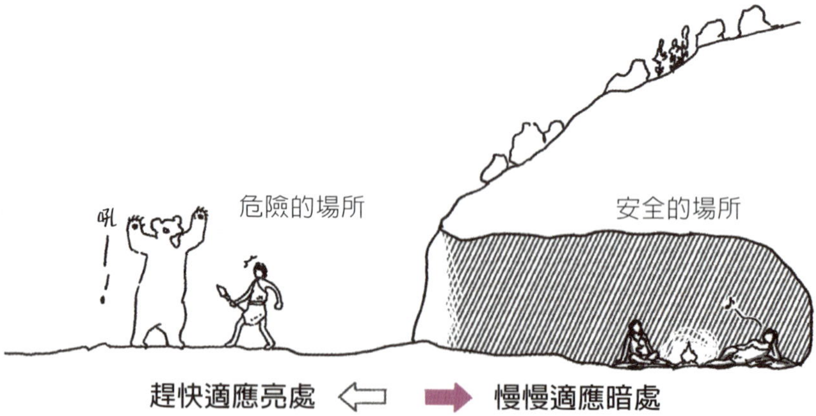

從陰暗處來到明亮處的時候會身處危險當中，
所以才變成能夠短時間適應亮處

等陰暗場所。為了要狩獵或採集果實，人類會在白天活動，但是離開陰暗的洞穴到外面的時候，如果眼睛適應亮度要花很多時間，那就有可能被掠食動物吃掉。為了要在嚴苛的自然環境中生存，眼睛就必須要盡快習慣明亮。

相反地，在採集完果實等食物後回到陰暗住處時，反正洞穴是非常熟悉的安全之處，沒辦法馬上看到東西也沒問題。也許就是這樣的進化歷史，而使得我們的眼睛在明適應的時候比較不花時間。

切換兩種感光細胞

與光線明暗相關的就是眼睛裡視網膜上的視桿細胞和視錐細胞這兩種感光細胞。視桿細胞在陰暗處的敏銳度比較高，而視錐細胞則是在明亮處工作的感光細胞。人類的眼睛會依據周遭環境的亮度來自動切換使用這兩種感光細胞。

至於是要怎麼切換呢？感光細胞裡面含有可以吸收光線產生化學變化的感光物質，會引發生理性電位訊號的產生，進而讓感光物質的量產生變化。陰暗中敏銳度較高的視桿細胞在視紫質這種感光物質的量增加的時候就會開始工作，但是在明亮處時，視紫質就會減少，視桿細胞也就跟著休息，只有視錐細胞繼續工作。人類在陰暗場所很難區分出顏色，是因爲雖然在陰暗處時讓視錐細胞工作的光視蛋白並不會減少，可是視錐細胞本身的敏銳度還是很低，結果只剩下敏銳度高的視桿細胞在工作。

那麼，爲什麼人類會有敏銳度相異的兩種感光細胞呢？其實陽光照射到地球之處，白天和晚上的光線強度可以差了一億倍以上。雖然可以利用改變瞳孔大小來調節送到視網膜上的光線量，但是瞳孔能夠調整的光線量大概也就是十倍上下。因此我們只好自動切換視網膜上的感光細胞，配合周遭亮度來看東西。

在陰暗處因爲視紫質增加，所以視桿細胞會工作，但是要製造出視紫質，就需要維他命Ａ。而在陰暗處很難看見東西就叫做夜盲症，正是由於缺乏維他命Ａ所引發的。

人類的一隻眼睛中，在明亮處敏銳度較高的視錐細胞大約有七百萬個，在陰暗處比較敏銳的視桿細胞則有一億三千萬個之多。也就是說，所有感光細胞當中約有九十五％是在陰暗處工作的視桿細胞。

哺乳類的特徵之一，就是視桿細胞比較多，這是因爲在恐龍興盛的時代，哺乳類是夜行性動物，爲了要在黑暗中也能看到東西，所以具有較多夜晚敏銳度高的感光細胞。事實上去檢視一直都是在白天活動的鳥類，就會發現牠們幾乎都是視錐細胞多於視桿細胞。

雖然人類的眼睛裡面，視桿細胞的數量遠多於視錐細胞，但在這個因爲人工照明而連夜晚都明亮如晝的現代，使用視桿細胞來看東西的時間銳減許多。日行性動物蜥蜴的視網膜上就只有視錐細胞、沒有視桿細胞，想來應該是退化了。不禁令人擔心人類的視桿細胞是否也會逐漸退化。

雖然現在晚上也幾乎亮的跟白天沒兩樣，也許大家會覺得我們根本不需要視桿細胞，但若人類的眼睛只剩下能在明亮處工作的視錐細胞，應該就完全看不見夜空中的星星了。如果這件事情以前就發生，那麼不管是由天體運行發現萬有引力，或者是對於宇宙形成的推論也都會延遲許久。

section

04

日光打造生活節奏

日夜差距微小的現代

一八七九年愛迪生發明的電燈泡在之後又經過多次改良而愈來愈亮，也能用得更久。電燈泡取代油燈，並且於一般家庭和辦公室中普及後，人們在夜晚也能夠讀書或者做裁縫等精細工作。

除此之外，十九世紀以前，幾乎所有人都和農業等第一級產業有所接觸，所以都是大白天在外面工作，現在卻有九成以上的人在辦公室、工廠、商店等室內工作。白天室外晴天的時候，光線強度爲數萬勒克斯（勒克斯爲照度的單位），就算是陰天也會有大概一萬勒克斯左右的強烈光線。然而，室內一整天都不太會有變化，大概是兩百～八百勒克斯上下，只有室外的百分之一亮度。

因此我們沐浴在強光下的時間比過去少了許多。油燈或蠟燭的光線只有一勒克斯左右，晚上就算點燈也還是非常陰暗，所以過去白天的光線強度有晚上的一萬倍以上。然而，有了人工照明照亮夜晚，同時白天也能在室內度過的現代，日夜差距就只剩下幾倍而已。

這樣的光線環境變化，會對我們的身體產生什麼樣的影響呢？

光線環境會有什麼樣的影響？

人類的身體是沐浴在陽光下的環境中進化而來的。腦部分泌的睡眠荷爾蒙褪黑激素，原料是人類沐浴在陽光下時製造的覺醒荷爾蒙血清素。褪黑激素除了能促進睡眠以外，據說也可以抑制糖尿病發作。爲了要製造覺醒荷爾蒙血清素，必須要有兩千～三千勒克斯以上的光線，但是室內照明無法達到這個程度。

另外，目前已知白天沐浴在陽光下，可以提高耐力及對抗壓力的抗壓性。事實上，根據瑞典一項調查發現，經常曬太陽的人比不曬太陽的人有著壽命較長的傾向。

此外，夜間過於強烈的光線，也會對人類的腦部造成負面影響。使用間接照明等柔和光線雖然可以放鬆，但是過強的光線會對腦部造成刺激。

除了讀書等精細工作以外，房間的燈最好是稍微暗一點。就寢三十分鐘前，把房間的照明換成暖色，就可以分泌促進睡眠的褪黑激素，自然容易睡著。爲什麼暖色照明可以促進分泌褪黑激素呢？這是由於視網膜上除了感光細胞以外，還有一種與分泌褪黑激素相關的細胞。這種細胞很容易受到波長短的藍光影響，進而減少褪黑激素的分泌量。研究指出，睡覺前滑手機容易妨礙睡眠，正是因爲手機螢幕發出的光有比較多波長短的藍光。

也就是說，夜間光線中的藍光非常少，所以用暖色照明會比較恰當。將生活中的光線環境調整好，正是提高睡眠品質的祕訣。

透過日光調整生理時鐘

從遠古時代起，人類就是配合著太陽亮度在生活，體內有被稱爲晝夜節律的生理時鐘。由於體內這樣的機制，使我們的體溫、血壓、清醒度、荷爾蒙分泌量等都會根據時間產生變化。

我想大部分的人在有上課或上班的日子，應該會過著每天都一樣的生活循環。因此很容易認爲身體也是一天二十四小時一輪，但其實有研究指出，人類如果被隔離在不知道時間的房間裡生活，身體的睡眠時間循環會比二十四小時稍微長一點。

也就是說，每天都要在同一個時間起床，就必須慢慢把生理時鐘調快。要調整這個生理時鐘，效果最好的就是早上沐浴在陽光下。早上起床之後，馬上去曬一下太陽，就會增加分泌夜晚能促進睡眠的荷爾蒙褪黑激素，也就能夠一覺到天亮。

實際上，在非二十四小時循環的太空等地度過很長一段時間的太空人們，大多數都有睡眠障礙問題。這是因爲在大約九十分鐘繞地球一圈的太空梭裡面，就是每九十分鐘就有一次明暗循環的特殊環境。雖然白天的活動時間與夜晚的睡眠時間可以靠照明的電燈的開關來控制，但是晝夜節律還是會因此被打亂。

請看下頁，這是用來表示一天時間帶與清醒度關係的圖表。虛線表示的是生理時鐘變慢的情況。人在醒來之後，如果沒有沐浴在日光下，也不吃早餐，就會像白色箭號那樣，清醒度一直到中午都不會提升，工作效率也非常差。

另外，如果晚上在強光照射下，或者很晚才吃東西，生理時鐘也會變慢。尤其是睡前看著有太多藍光的智慧型手機，會抑制褪黑激素分泌，就會像黑色箭號指出來的那樣，清醒度一直沒有下降，也就很難睡著。而到了第二天早上因爲清醒度還是很低，所以也沒辦法自然醒來。

爲了要調整生理時鐘，白天最好還是曬一下太陽，不過這對於一整天都在辦公室的人來說實在是有點困難。因此我要推薦大家使用LED燈來人工打造晝夜節律。

LED燈可以使用遙控器按鈕來自由操控亮度和燈光顏色，利用這點，讓自己在白天可以沐浴在較亮的白色光線下，而晚上則是身處較暗的黃色光線，這樣一來就算是在室內也可以改變光線環境來度日。

牽牛花的開花與晝夜節律

幾乎所有生物都具備晝夜節律，不過週

生理時鐘與清醒度的關係

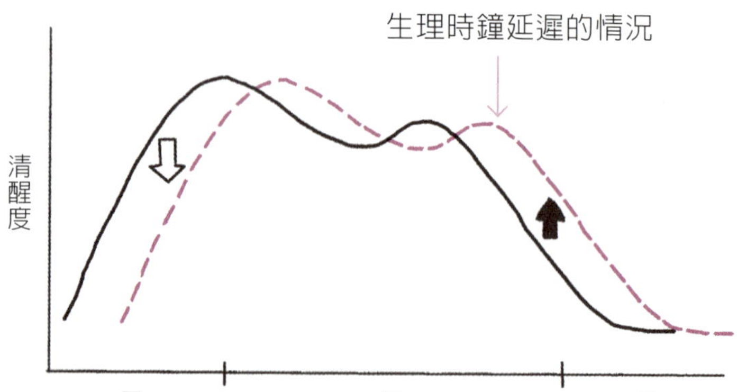

清醒以後，如果沒有照到日光，生理時鐘就會變慢，清醒度一直到中午都無法提升，就寢前也會因為清醒度還沒下降而很難睡著

期多少有些差異。比方說，小家鼠一天的週期大概是二十三小時，但是大鼠就比二十四小時還長。另外，像是馴鹿住在夏季整日明亮跟冬季整日黑暗的北極圈中，據說就沒有生理時鐘。

牽牛花的開花也和光線週期有關。牽牛花是夜晚長度超過九小時才會開花的短日照植物，所以要變暗超過一段時間之後才會開花。比方說，就算夜晚長度超過九小時，但只要晚上有短時間被照射到光線，那就不會開花。牽牛花通常是在太陽下山後的十小時以後開花，所以在日落比較晚的七月就會變成清晨開花。

至於負責感知外界環境變暗的感應器，目前科學界認爲應該是葉片中的色素蛋白質光敏素。牽牛花也和人類一樣擁有生理時鐘，這是爲了讓早晨起床活動的昆蟲能夠幫忙運送花粉，所以牽牛花會在

7月的牽牛花開花範例

牽牛花會在太陽下山後的10小時以後開花，
所以7月左右會在凌晨時分開花

特定的時間開花。

由此可知，居住在地球上的大多數動植物，生活中都受到太陽循環相當大的影響。

section

05

體感溫度會因光線顏色及強度而產生變化

暖色很溫暖？冷色很冷？

紅色和黃色是「暖色」，藍色則是「冷色」，可見人類會從顏色感受到溫暖或寒冷。的確，如果夏天把房間裡的窗簾從黃色換成水藍色，也會讓人覺得有些許涼意。另外，就是燈光顏色也會有冷熱感，甚至影響體感溫度。

神奈川工科大學的三栖貴行在調查光線顏色對於臉部表面溫度會產生什麼影響的時候發現，四位受試者的臉部在打到紅色光線的時候，溫度會比打到藍色光線時高一度。

這雖然是使用顏色相當強烈的照明得到的結果，不過可以看出這種情況並非僅限於主觀感受，而是實際上體溫眞的會因爲光線顏色產生變化。

利用這點，如果想調整體感溫度，就可以在不同季節時改變光線顏色。東北電力的石川泰夫曾進行一個實驗，調查的是比較房間中分別使用黃光燈泡及白光燈泡，讓人感覺最舒適的室溫是多少。結果發現，和黃光燈泡相比，使用白光燈泡的話，體感溫度會低一度。

也就是說，夏季使用白光顏色的燈就能把冷氣的溫度設高一點；冬季使用黃光燈泡照明就可以把暖氣的溫度調低一點，只需要改變燈光顏色就可以節省空調能源。

也許大家會覺得只差一度而已，但從全世界的空調能源消耗量來看，這可以節省相當龐大的電力。如果是有非常多人使用的辦公室或者百貨公司，或許就可以嘗試跟隨季節改變照明顏色。

如果白天不曬強光，晚上就會冷？

除了光線顏色以外，光線強度也會影響冷熱感受。奈良女子大學的登倉尋實為了調查光線強度對於身體會有什麼影響而進行了以下實驗。首先，在維持室溫二十七度的房間裡準備高照度（四千勒克斯）和低照度（十勒克斯）兩種不同光源，請受試者從十點在房間裡待到十九點三十分。到了十九點三十分之後，就會把室溫一口氣提升到三十度並請受試者只穿著內衣褲。之後再將室溫慢慢下降到十五度，受試者可以因為覺得冷而自由穿衣，然後統計穿衣量的變化。

結果顯示，如果受試者是在十勒克斯的房間中，七名受試者中有六名穿衣服的量會比在四千勒克斯高照度房間來得多。

也就是說，如果白天在低照度下生活，晚上就比較容易覺得寒冷。這表示若白天在明亮的地方度過，晚上就不太會冷；但若沒有外出，都待在室內，晚上就很容易覺得寒冷。

容易覺得寒冷的理由可能與褪黑激素分泌有關，因為白天沐浴在光線下，晚上的時候褪黑激素分泌量就會比較高。畏寒的人可以在通勤或者午餐的時候盡量挑選靠窗的座位，在白天積極打造出沐浴在陽光下的時間。

讓皮膚暗沉來保溫的海鬣蜥

也有動物能夠巧妙利用這種光線與顏色的關係。那就是棲息在加拉巴哥群島上體長約一公尺左右的海鬣蜥。牠們的臉部雖然像恐龍一樣令人畏懼，性格卻非常穩重，只在吃東西的時候潛入水中、啃食岩石上的海草過活。海鬣蜥一整天有大半時間都在岩石上做著日光浴，這是因為牠們屬於變溫動物中的爬蟲類，所以體溫下降太多就會動作緩慢，容易被天敵攻擊。

而海鬣蜥是一種身體顏色會跟著體溫變化的奇妙動物。體溫高的時候，牠們的身體是明亮的顏色，但體溫降低時就會變成深色。這應該是因爲暗色比較能夠吸收可見光和紅外線，要做日光浴來爲身體保溫的話，這樣效率會比較好。

我們也是一樣，如果在夏天穿著黑色的衣服，就會因爲吸收光線而覺得非常熱。使用顏色來做溫度調整這方面，也常出現在柏油路上。近年來，開始有一些柏油路的黑色路面因爲使用能夠反射紅外線的塗料，所以會看起來變成明亮的灰色。這是和海鬣蜥相反的概念，藉由減少吸收陽光來避免路面溫度上升。

根據體溫改變膚色的海鬣蜥

體溫高的時候身體顏色明亮，體溫低時顏色就會變暗

section

06

光的方向會改變眩目程度

來自上方的光線不會讓人眩目

在電燈發明以前，使用的是營火、蠟燭、油燈等夜間照明。西洋蠟燭的亮度大概是一百瓦電燈泡的百分之一左右，因此當時人們會感到眩目的光線，主要是陽光、或者陽光照射水面或雪面造成的反光。人類的眼睛只要看見一定程度以上的亮光就會覺得眩目，是因爲直接觀看陽光這種強烈光線，會造成視網膜上的感光細胞受傷，最糟糕可能還有失明的危險。

對於眩光的感覺，也與光線從哪個方向進入眼睛有關。以人類的眼睛來說，從視線方向進入的光線最爲眩目，同時離視線愈遠的話，眩目感也會有減弱的傾向。尤其是來自視線上方的光線，就算是強烈到從視線方向進入時非常刺眼，但只要這道光線來自上方就會毫無感覺。

例如，九州大學的金源雨進行以下實驗，比較來自視線上方三十度和下方三十度的光線，來自上方的光線必須是下方光線的五倍以上，才會感覺差不多眩目。

來自上方的光線不會有那麼強烈的眩目感，一方面可能是因爲有眼睫毛稍微擋住了光線、保護眼睛，但眞正的原因並不明確。不過想像一下，有可能是因爲在地球上來說，頭頂上經常都會有陽光，爲了要方便在室外活動，所以才演化出對從上方照射下來的陽光不會覺得眩目的機制。

光源位置和眩目程度比較

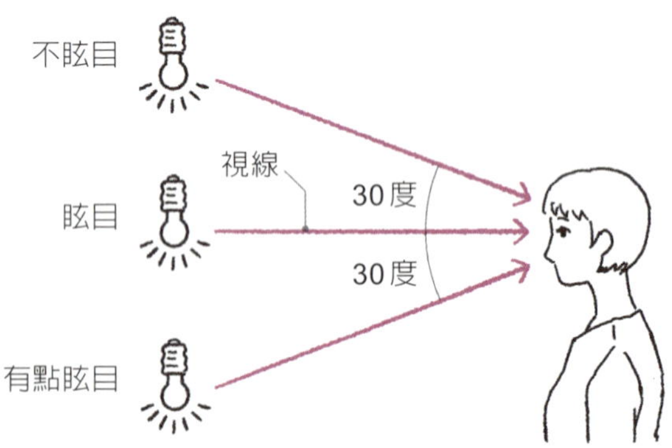

來自上方的光線打造凹凸感？

另外，人類還具備了靠著影子形成的樣子來瞬間判斷光線方向以及物體表面凹凸的能力。請看左圖（a）。應該會覺得兩邊的圓形是凸出的、中間的圓形則凹陷。相反地（b）就會覺得兩邊的圓凹陷、中間則是凸出。然而，實際上這是把上了色的相同圖案旋轉一百八十度的結果，實際上並沒有什麼凹凸。只是把上下翻轉過來，原先看起來凸起的部分就變成凹陷，原本凹下去的地方看起來則像凸出來。

這是因爲如果有光線從上方往凸起的東西打，大多會像（a）兩邊的○一樣呈現上方明亮、下方陰暗的樣子。相反地若是凹陷處，光從上方打下來的話，明暗就會像（a）中間的○一樣是上面暗而下面亮的樣子。也就是說，人眼是以光線由上方打下來爲前提在判斷物體凹凸的。理由當然就是因爲太陽永遠都是從頭上照射光芒，所以才會用這樣的標準來判斷物體凹凸。

隕石坑錯覺（圓頂錯覺）

（a）

（b）

（a）圖看起來是「凸凹凸」、（b）圖看起來則是「凹凸凹」，但其實只是把（a）轉了180度就變成（b）

來自上方的光線提高立體感？

影子形成的方式除了打造凹凸感以外，也具有提高物體立體感的效果。

在我的研究室裡，做了關於光線方向與物體立體感相關的實驗。在外部光線完全無法進入的黑色箱子裡面，將直徑五公分的白色球體從後方固定在裡面，讓球看起來像是浮在半空中，然後分別從上、下、左上三處打光，請九位受試者評估覺得哪一個看起來最立體。

研究結果顯示，雖然受試者的回答有所差異，但是統計起來還是可以明確看出光源方向會影響物體究竟是否看起來具有立體感。結果得知白色球體被來自左上光源照射的時候最有立體感，而從下面打上來的光會讓人覺得白球不太立體。

也就是說，影子形成的樣子也會對立體感是否強烈造成影響。

從斜上方來的光源最讓人有立體感，應該是因爲會浮現出物體側面的輪廓。在素描物體的時候，通常也是假設光源來自斜上方來畫陰影，會讓畫面的立體感比較強。而從正上方來的光源比下方光源看起來立體，應該是因爲我們平常比較常看到東西被來自上方光源照射的關係。

因打光方向而改變的立體感

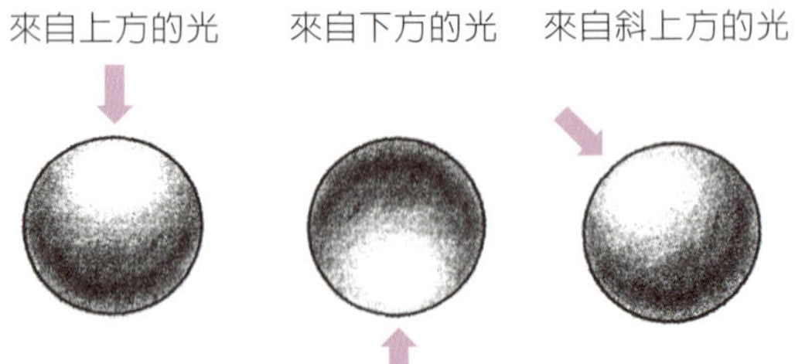

光線來自下方的時候最沒有立體感，
來自斜上方的時候東西會看起來最為立體

section

07

年歲增長後
會如何感受光線？

近距離的東西開始看不清楚

小嬰兒隨著成長會獲得各式各樣的能力，相反地，年歲增長，上了年紀以後，體力和能力就會逐步衰退。以我自己來說，一把年紀以後要閱讀細小文字就變得相當辛苦。那麼，人在老了以後，眼睛會產生什麼樣的變化呢？

大家應該都聽說過，上了年紀以後沒有老花眼鏡就很難讀手邊的報紙。人的視力在二十歲前後是最好的，據說過了六十歲之後就會逐步衰退。大多數人是在五十歲左右就開始出現近物看不清楚的狀況，這就是所謂的老花。隨年齡增長，近物會看不清楚是因爲水晶體失去了彈性、變得僵硬。

水晶體失去彈性以後，就變成看近的東西時，水晶體也沒辦法增加自己的厚度，因此對焦變得比較困難。水晶體的彈性其實從年輕時就會開始緩緩下降，原本能順利對焦的最近距離，也會隨年齡增加而逐漸變遠，只是年輕的時候比較不容易發現這件事情。

也就是說，發現自己有老花的年齡大概是五十歲前後。

高齡者不容易看見藍色

上了年紀以後，水晶體會逐漸變白混濁。如果嚴重的話，就會變成白內障。水晶體一旦變白混濁，光線就會在水晶體中散射，東西也就看起來很模糊。這就像是透過起霧的玻璃看東西會很模糊是一樣的道理。另外，變白混濁的水晶體還會把一部分光線反射出去，所以抵達視網膜的光線量也會減少。

然而，並非所有波長的光線都一樣難以抵達視網膜。主要是波長短的光線會比較難抵達終點，所以上了年紀以後，藍色就會看起來比較暗沉。也就是說，會很難辨識出藍色與黑色的差別。

舉例來說，如果車站的時刻表上的快車和普通車分別用藍色和黑色來標示，那麼對銀髮族來說就很難區分。爲了因應這種眼睛變化，年長者使用的物品上的文字必須要注意顏色上的使用。

那麼，爲何波長短的藍光會比較難抵達視網膜呢？這就和夕陽會看起來偏黃是一樣的道理。太陽光要穿透大氣層才能抵達地面，但是與波長較長的紅光或黃光相比，波長短的藍光會被空氣分子散射，所以本來就比較難抵達地面了。

傍晚的時候，太陽高度變低，太陽光要斜斜地穿過大氣層，也就是抵達地面時需要穿越的路線變得很長，藍色光線就更不容易抵達地面了。所以傍晚的時候，波長較長的紅光和黃光比例就會比較多，光線的顏色也就從白色變成黃色或紅色。大氣中是因爲有空氣分子，所以會造成光線散射，而眼睛裡就是水晶體這個透鏡本身發白會使光線散射。

白內障若是放著不管，最後會幾乎什麼都看不見，必須進行手術把混濁的水晶體取出，換上新的人工水晶體。

容易感覺眩目的眼睛

我在五十歲左右的時候，有年過六十的幾位同事告訴我：「如今白天出門就覺得陽光非常眩目。」等到我自己也到了花甲之年，果然也開始覺得眩目了。室內的立燈、室外夜間點起的燈光等都會讓我覺得不太舒服。

容易感受到眩目，應該也是因爲水晶體讓光線散射。不過目前詳細原因還不清楚。高齡者經常會發生在陰暗光線下看不清東西、明亮光線下又很容易覺得眩目的矛盾現象。

換句話說，就是我們覺得明亮度剛好的範圍會年年縮小。所以，當年輕人和年長者使用同一個空間的時候，或者有閱讀文字需求的時候，最好是在手邊準備不同的燈，留心亮度安排會比較好。

另外，眼睛顏色也會造成光線感受方式不同，這就與年齡無關了。決定人眼顏色的是角膜和水晶體之間、被稱爲虹膜的環狀薄膜。虹膜和肌膚與頭髮的顏色一樣是由黑色素量來決定的。

黑色素多的話，虹膜就是棕色的，少的話就會變成灰色或藍色。舉個極端的例子來說，白兔的眼睛是紅色，這是因爲牠們沒有黑色素，因此眼睛深處的血管顏色從透明的虹膜透出來。皮膚和頭髮顏色明亮的人種因爲身上黑色素少，所以眼睛的顏色也比較明亮。

黑色素的功能是保護肌膚不受太陽照射下來的有害紫外線傷害。居住在日照強烈地區的非洲人和亞洲人的虹膜就是比較深的棕色，而住在氣候穩定地區的歐洲人，他們的虹膜就是淺藍色或灰色。這和居住地的紫外線量有關。在燈泡剛開始普及的二十世紀左右，主要就是歐洲人表示會覺得室內過於眩目。事實上，歐洲人看到的光線大概只到日本人看到的光線強度的一半，就會覺得眩目。除了虹膜的顏色以外，可能眼睫毛的顏色也有影響。

出生地的日照強烈度會決定黑色素量，所以不同人種有著相異的虹膜顏色，對於光線的眩目度感受也不同。

section

08

光線會讓眼睛變好？還是變差？

持續增加的近視比例

全世界近視的人比例遽增，據說人類有三分之一都罹患近視。日本的近視傾向更高，根據文部科學省在二〇二〇年度的調查指出，裸眼視力不到一．〇的小學生比例爲三十八％，已經突破新高。第一次調查是在一九七九年，當時爲十八％，由此看來，這四十年來已經增加爲兩倍。孩子的身體出現如此大的變化，恐怕也只有眼睛這個部分吧。

與近視關係最爲密切的是「眼軸長」，也就是角膜到視網膜的長度。一般認爲眼軸長如果太長，對焦就沒辦法對在視網膜上，是造成近視的原因之一。近視惡化之後，影像就會形成在視網膜前面，所以東西會看起來很模糊。尤其是小學的時候眼軸長就變得太長的話，據說就很容易造成近視嚴重惡化。

如果在成長期長時間使用智慧型手機、打電視遊戲、讀書等，就會拉長眼軸長。而眼軸長變長以後，水晶體就會變薄，就算想看遠方的東西也沒辦法好好對焦。

長時間遊玩手機或遊戲會導致近視，爲了避免這種情況發生，最好的辦法還是定時停下來休息，讓眼睛好好放鬆一下。

近視、遠視與眼軸長的關係

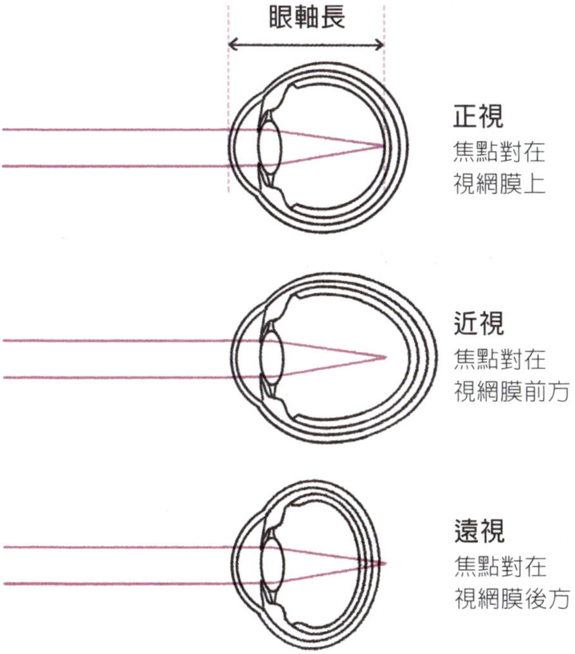

紫光可以防止近視？

據說陽光對於預防近視非常有效。慶應大學的鳥居秀成研究陽光與預防近視的關聯時發現，太陽光中包含的紫光具有防止近視的效果。

紫光是波長在三百六十~四百奈米，介於可見光與紫外線之間的光線。在分析使用隱形眼鏡矯正視力的孩童的數據時發現，孩童若戴的是能讓紫光通過的眼鏡，那麼眼軸長伸長的速度平均一年爲〇・一四奈米，但是若眼鏡會擋掉部分紫光，那麼孩童眼軸長伸長的速度，平均一年會伸長〇・一九奈米。

也就是說，紫光具有抑制近視惡化的功效。另外，鳥居先生的研究同時也調查了用紫光照射小雞眼睛，發現抑制近視惡化的遺傳基因會因此活性化。

由這幾點可以發現紫光可能與抑制近視惡化的基因有關。

我小學的時候，放學以後到太陽下山之前，總是沒注意時間、一直在外面玩，因此可能在沒特別留意的情況下就沐浴了大量陽光。然而，現在的小學生在外玩耍的時間平均只有四十分鐘。而且小學生之中約有三成不會在室外玩耍、也不做運動，所以沐浴在日光中的紫光下的機會比過去少了許多。

紫光幾乎不存在於室內照明使用的ＬＥＤ燈或螢光燈中。爲了要保護孩童眼睛不近視，最好還是減少他們使用智慧型手機或遊戲機的時間，並且增加他們在外玩耍的時間。

藍光會讓眼睛變糟？

最近市面上賣起了防藍光的眼鏡或貼膜，可以用來阻絕電腦或智慧型手機螢幕散發出的藍光。所謂藍光，是波長比上述提到的紫光長，但在可見光中屬於波長比較短的藍色光線。藍光的波長在四百～五百奈米左右，而光線的波長愈短就含有愈強大的能量。因此有些人擔心藍光會對視網膜造成傷害，也可能讓眼睛感到疲勞。

但是藍光對眼睛不好這件事情，其實並沒有科學證明。會這樣說，是因爲日光中也含有藍光，而在晴天的室外，光線強度可是電腦或智慧型手機的一百倍左右。就算是將在室外光線強烈的地方時，瞳孔會縮小的這個差距也考慮進去，抵達視網膜的藍光量仍然是使用電腦時的幾十倍。

既然沒有什麼研究報告指出在室外工作的人的視網膜比較容易受傷，那麼電腦或智慧型手機的藍光應該也不太可能對於眼睛有不良影響。只不過，對於還在成長期的孩童來說，前面也有提到，電腦和智慧型手機非常容易造成近視惡化，所以還是要注意不能使用過度。藍光對眼睛的不良影響雖然還沒有科學根據，但也沒辦法保證是絕對安全，所以只能指望今後的研究成果。

另外，再介紹一個令人玩味的研究，內容是調查人在什麼顏色的光線下能夠提高注意力。PANASONIC（松下電器）的大林史明進行實驗，比較書桌上的檯燈顏色分別爲白色（五〇〇〇K）和略帶藍色的白色（六二〇〇K）時，使用者的注意力差異爲何。K這個單位表示的是色溫，數字愈高就含有愈多短波長的光線。結果發現，含有大量短波長的六二〇〇K光線能夠提高使用者的注意力。

也就是說，含有大量藍光的藍白色光線，具有提高注意力的效果。可以說，智慧型手機會有上癮的狀況，無法否認可能是因爲人會長時間集中精神觀看畫面，也因此才使眼睛容易感到疲倦。

燃燒的火焰和白熾燈泡所散發的是黃色的光線，所以不含太多藍光。而LED燈或者螢光燈那種白色光線，就含有比較多藍光。除此之外，電視、電腦、智慧型手機的背光也是使用LED等白色光線。目前已知這種藍光具有抑制睡眠荷爾蒙褪黑激素分泌的效果。

因此，在必須增加褪黑激素分泌的夜晚，如果長時間觀看智慧型手機等螢幕會發出藍光的物品，就會抑制體內褪黑激素分泌，導致生理時鐘大亂。因此，晚上看智慧型手機或者電視的時候，才會需要藍光眼鏡。應該幾乎大部分的人都是白天使用電腦的時候戴藍光眼鏡，不過我認爲晚上使用時才應該要戴。

section

09

跟著顏色變化的味覺

促進食慾的顏色

走在路上看到似乎相當美味的麵包店，明明本來不打算買的，但是聞到麵包的香氣又實在忍不住，還是買了麵包。大家有沒有過這樣的經驗呢？

這是視覺及嗅覺的加成效果，刺激了購買欲望。可見五感是會互相並綜合影響的。

查爾斯．史賓斯的著作《美味的科學：從擺盤、食器到用餐情境的飲食新科學》（商周出版）中提到過一個關於顏色的實驗。實驗指出，帶粉紅色的紅色飲料，會和糖度增加一〇%的綠色飲料喝起來一樣甜。也就是說，相同甜度的情況下，紅色的飲料喝起來會比綠色的甜。

綠色的果實成熟以後，就會變成黃色或紅色，甜度也會增加，因此在我們的印象中會覺得綠色的果實偏酸，而紅色的果實是甜的，這種對於果實顏色的概念就影響了我們的味覺。

那麼，什麼樣的顏色會促進我們的食慾呢？

廣島女學院大學的奧田弘枝所做的調查顯示，請二十～三十歲的男性與女性一邊看著色卡一邊吃飯，然後請對方回答增加食慾和降低食慾的顏色，發現能增加食慾的食品顏色是黃色、橘色還有紅色，相反地，降低食慾的是黑色、棕色、紫色、藍色等。男女有著相同的傾向，幾乎沒什麼差別。

感覺很好吃的食物顏色，和成熟果實的顏色相同，當中尤其是特別鮮豔的顏色的評價會更高；而看起來難吃的就是黑色或棕色這種會讓人聯想到腐壞食物的顏色；紫色和藍色則是不常出現在食物上的顏色。

以前經常用在食物上的天然色素有用來染紅梅干或醃漬物的紅紫蘇、還有把栗子泥染成黃色的梔子等等。近年來的加工食品也比較常使用紅色或黃色來呈現，應該也是有這方面的考量。

顏色會左右味覺的範例還有很多。例如，法國的波爾多大學針對紅酒釀造學科課程中男女比例一比一的五十四位學生，進行了一項調查紅酒顏色與香氣關聯的實驗，這正是其中之一。

在實驗中，研究人員把白酒混入紅色色素，讓人分不出到底是紅酒還是白酒，然後請受試者來評價香氣，結果顯示，大多數人都會使用在品評紅酒時會使用的相同表現方式（辛辣、黑醋栗、覆盆莓、胡椒等香氣）來進行品評。

也就是說，明明只是染成紅色的白酒，卻會讓人感受到如同眞正紅酒般的香氣。

可見我們由各種感覺器官得到的情報，會受到其他感覺器官獲得的情報影響。

section

10

閉上眼睛的話，感覺會如何改變？

如果少了視覺情報？

那麼如果沒有視覺情報，體感會有什麼樣的變化呢？

東北文化學園大學的本多福代以二十三位成人爲實驗對象，調查他們閉著眼睛和張開眼睛時，都拿著相同的東西，感受到的重量是否有變化。

這個實驗使用的是顏色、形狀、大小、材質都相同的砝碼，總重量是一～四公斤，每兩百五十克間距改變重量，一共十三個砝碼。結果一樣重量的東西，閉上眼睛的時候會覺得更重。這應該是因爲遮蔽了視覺情報，因此對於重量感覺變敏銳。

另外，如果我們閉上眼睛，會發現時鐘的聲音變清楚、也更能感受到椅背的硬度。沒有視覺情報的話，其他感覺會變得更加清晰。

其他感覺會更加清晰

眼睛能看到東西的人在走路的時候，會同時以眼睛確認地面狀態來挪動腳步。這時候，腳是爲了讓身體往前移動的運動器官。另一方面，眼睛不方便的人因爲沒有來自視覺的情報，所以腳除了作爲運動器官以外，也要負責感覺器官的工作。

有時候雖然眼睛能看見卻沒注意到腳邊的小小高度落差，結果就不小心絆倒了。東京工業大學的伊藤亞紗的研究指出，眼睛不方便的人會用腳底探尋地面狀況然後移動重心，由於腳底的感覺取代了視覺而更爲發達，所以不太容易摔倒。

另外，伊藤亞紗的著作《不用眼睛，才會看見的世界：脫離思考與感知的理所當然，重新發現自己、他人和世界的多樣性》（仲間出版）中提到，全盲的少年會「嘖」一聲然後靠著回音的時間差距來掌握空間，甚至可以滑雪或打籃球。

這可能是比較特殊的例子，但可見聽覺敏銳度若是提高到一定程度，甚至可以做到這件事情。這和蝙蝠在黑暗中也可以捕捉自己發出的超音波回音來飛行是相同的道理。

在生物的進化中，也有許多這類透過其中一個感覺器官去彌補其他感覺因而更加發達的例子。在洞窟深處、沒有光線抵達的黑暗之處，眼睛是幫不上忙的。在墨西哥東北部洞窟發現的盲魚，眼睛就已經退化了，但是牠們身體側面的體側線可以感受到水流和水壓，所以在水中游來游去也完全不會撞到障礙物，毫無問題。

就連從外界獲得情報有八成以上是來自視覺的人類，也是在遮斷視覺情報之後，爲了彌補這點，其他感覺器官就會變敏銳。

後記

眼睛進化的歷史就是一連串的奇蹟。初期只是能夠感受到光線明暗的簡單器官，但是進入寒武紀以後，由於大陸棚淺灘上出現了掠食動物，也就開始有生物具備能夠分辨出物體外形輪廓的複眼結構。從長達四十億年的生命歷史來看，僅僅花費短暫的五十萬年時間就進化成能夠區分出物體不同的高精密度眼睛，實在是令人相當驚訝。

同時在這樣的進化過程中，也出現了多不勝數的眼睛型態。老鷹的眼睛可以從高度五十公尺上空看到地面三公厘大小的蟲子、蛇眼在黑暗中也能看到由動物身體發出的紅外線、蛾眼可以感受到路燈發出的紫外線。如果能用牠們的眼睛來看世界的話，不知道會是什麼樣的風景呢？

人類的眼睛和動物一樣有著相當複雜的進化過程。然而在工業革命以後，我們的生活型態已經大不相同，環境變化的速度也愈來愈快，目前看起來眼睛的進化應該是有些追不上環境變化。比方說，由於發明了汽車和鐵路這類可以快速移動的交通工具，所以我們能夠以超出自己身體能力的速度移動，但是眼睛卻沒有進化成可以清楚看見車窗外的景色。

另外，我們周遭的光線環境也已經大不相同。白天大多在室內度過，沐浴在陽光下的時間減少了；夜晚待在有明亮照明之處的時間增加，所以生理時鐘無法順利運作而引發睡眠障礙問題。由於生活環境產生這樣的變化，因此人類的眼睛應該也會慢慢有所改變。

本書除了比較人類與動物的眼睛以外，也提到了光線對身體造成的影響。或許對於生活上能直接產生的幫助並不多，但希望大家能用嶄新觀點來看看這個世界，若是能讓讀者的人生因此稍微豐富些，就是我的榮幸了。

最後我必須要感謝許多人：對本書企劃表示有興趣並且提供許多建言的雷鳥社編輯平野さりあ、爲我的文字表現方式提供適當建議的矢作ちはる、非常親切爲我製作插圖及書籍設計的安賀裕子、幫忙確認原稿內容的高橋宏、協助聯繫出版社的飯田みか。另外也非常感謝所有拿起這本書閱讀的各位讀者。

参考・引用文献

・スティーヴ・パーカー『動物が見ている世界と進化（大英自然史博物館シリーズ４）』、エクスナレッジ（２０１８）
・水波誠『明暗視の神経機構―昆虫単眼系の研究から―』、日本比較生理生化学会（１９９４）
・田中源吾『節足動物の眼の機能形態学』、群馬県立自然史博物館研究報告（２０１３）
・山下茂樹『クモ類の視覚行動』、日本比較生理生化学会（１９９５）
・村上元彦『どうしてものが見えるのか』、岩波書店（１９９５）
・池田光男、他『目の老いを考える』、平凡社（１９９５）
・井尻憲一『重力の感受機構―そのやさしい解説』、日本宇宙生物科学会（２００２）
・今泉忠明『おもしろい！進化のふしぎざんねんないきもの事典』、高橋書店（２０１６）
・渡辺茂『空間認知の生理機構：哺乳類以外の場合』、日本生理心理学会（２００３）
・松尾亮太『ナメクジの脳が持つしたたかさ ―再生能力，頑健性，そして柔軟性―』、日本比較生理生化学会（２０１１）
・川島菫、池田譲『タコにおける視覚・触覚にもとづく行動：タコは世界をクロスモーダルに知覚しているか？』、日本動物心理学会（２０１９）
・牧岡俊樹『白い眼』、つくば生物ジャーナル（２００４）
・柏野牧夫『「なぜ耳は二つあるか？」小特集にあたって』、日本音響学会（２００２）
・中野珠実『瞬きによって明らかになったデフォルト・モード・ネットワークの新たな役割』、日本生理心理学会（２０１３）
・石田裕幸『昆虫の嗅覚・味覚受容に与る感覚子の機能と水の関係』、日本蚕糸学会（２０１２）
・杉田昭栄、他『鳥類の視覚受容機構』、バイオメカニズム学会（２００７）
・江口英輔『複眼の視覚情報』、日本画像学会（１９９２）
・松嶋隆二『視覚・運動と認知』、電気学会（１９９６）
・塩田寛之、他『閃光の持続時間が誘目性に及ぼす影響』、照明学会東京支部大会（２０１２）
・加戸隆介『フジツボ―不思議な体の造りとその理由―』、海洋研ニュース（２０１８）
・松村清隆『フジツボ群居への幼生視覚の関与―基板表面の色を制御することで付着を抑制することは可能か？』、日本マリンエンジニアリング学会（２０１４）
・梅谷献二『昆虫の模倣―保護色と擬態』、日本機械学会（１９８９）
・平賀壮太『アゲハチョウ類の蛹の色彩決定機構』、昆虫

DNA研究会ニュースレター（２００６）
・安藤清一、羽田野六男『秋サケ筋肉の劣化と婚姻色の発現』、日本農芸化学会（１９８６）
・今井長兵衛『擬態のいろいろ』、大阪生活衛生協会（１９８８）
・岩科司『花はふしぎ―なぜ自然界に青いバラは存在しないのか？』、講談社（２００８）
・松原始『カラスの補習授業』、雷鳥社（２０１５）
・齋藤恵、他『木簡画像から墨の部分を抽出するための画像処理手法』、電子情報通信学会（２００４）
・中川正人『赤外線デジタルカメラによる木簡調査法』、滋賀文化財保護協会（２０１０）
・『光を利用した害虫防除のための手引き』、農業・食品産業技術総合研究機構中央農業総合研究センター（２０１４）
・弘中満太郎、針山孝彦『昆虫が光に集まる多様なメカニズム』、日本応用動物昆虫学会（２０１４）
・原田哲夫『アメンボ科昆虫における走光性の季節的変化』、日本比較生理生化学会（１９９６）
・清水勇、道之前允直『カイコの走光性行動に関する研究II ―熟蚕期の走行パターンの変化―』、日本生物環境工学会（１９８１）
・大場裕一『ホタルの光は、なぞだらけ 光る生き物をめぐる身近な大冒険』、くもん出版（２０１３）
・大場由美子『八丈島の光るきのこ』、千葉県立中央博物館千葉菌類談話会講演会（２０１８）
・田村保、丹羽宏『深海の魚―眼とウキブクロとスクワレン』、日本農芸化学会（１９８６）
・NHKスペシャル「ディープオーシャン」制作班（監修）『深海生物の世界』、宝島社（２０１７）
・ナショナルジオグラフィックニュース『超深海に新種の魚、ゾウ１６００頭分の水圧に耐える』（２０１７）
・三枝幹雄『電気魚のレーダ』、電気学会（２００１）
・川崎雅司『弱電気魚の比較生理学―電気的行動の運動制御』、日本比較生理生化学会（２０００）
・日経サイエンス編集部『魚のサイエンス』、日本経済新聞出版（２０１９）
・福田芳生『新・私の古生物誌（７）―生きている化石カモノハシ（その２）―』、THE CHEMICAL TIMES（２０１０）
・調廣子『乳幼児の視力検査』、日本視能訓練士協会（２００６）
・吉村浩一『逆さめがねの世界への完全順応』、日本視覚学会（２００８）
・中西進『萬葉集』、講談社（１９８４）
・森阪匡通『音の世界に生きるイルカ～彼らは何をかたりあっているか～』、日本オーディオ協会（２０１５）
・赤松友成『イルカの声からわかること』、日本生物物理学会（１９９８）

・池田光男『眼はなにをみているか―視覚系の情報処理』、平凡社（1988）
・一川誠『錯視からわかる視覚の時間特性』、応用物理学会分科会日本光学会（2010）
・大山正『反応時間研究の歴史と現状』、日本人間工学会（1985）
・市川宏、南常男『まぶしさの快不快限界線（BCD）に関する研究』、照明学会（1965）
・平松千尋『霊長類における色覚の適応的意義を探る』、日本霊長類学会（2010）
・マーク・チャンギージー『人の目、驚異の進化 4つの凄い視覚能力があるわけ』、インターシフト（2012）
・齋藤勝裕『光と色彩の科学』、講談社（2010）
・三友秀之、他『生物のナノ構造が紡ぐ多彩な色彩を模倣したバイオミメテック材料』、表面技術協会（2013）
・赤井弘『野蚕シルクの魅力―その多孔性と多様性―』、繊維学会（2007）
・加賀田尚義『水性ホワイトインクの開発』、日本画像学会（2010）
・上原静香『透明感のある美しい肌って?』、照明学会（2002）
・河村正二『眼の起源と脊椎動物の色覚進化』、日本視能訓練士協会（2017）
・吉澤透『色覚に関与する視物質の生物物理―構造・機能・進化』、日本生物物理学会（1996）
・大川匡子『現代の生活習慣と睡眠障害：時間生物学の観点から』、日本心身医学会（2003）
・栃内新『新しい高校生物の教科書 現代人のための高校理科』、講談社（2006）
・三島和夫『宇宙環境における睡眠・生体リズム調節』、日本神経学会（2012）
・吉中保、他『遮熱性舗装の高性能化に関する研究』、第25回日本道路会議論文（2004）
・石川泰夫『光色と快適居住環境―光色による冷暖房省エネ効果について―』、照明学会（1993）
・三栖貴行、他『LED 照明の光色変化による心理的影響と体感温度の変化』、日本色彩学会（2018）
・登倉尋實『からだと生活環境―特に衣服と光との関連』、日本繊維機械学会（1997）
・清水海寿『陰影知覚が光源位置による立体感に及ぼす影響』、芝浦工業大学卒業論文（2018）
・鳥居秀成『バイオレットライトは近視進行予防になりうるのか?』、日本白内障学会（2019）
・大林史明、他『知的作業における集中度評価指標と集中度向上照明』、パナソニックコーポレートR&D戦略室（2018）
・チャールズ・スペンス、『「おいしさの」の錯覚 最新科

学でわかった、美味の真実』、KADOKAWA（2018）
・奥田弘枝、他『食品の色彩と味覚の関係—日本の20歳代の場合—』、日本調理科学会（2002）
・平木いくみ『店舗と商品に与える香りの影響』、明治学院大学経済学会（2008）
・本多ふく代『重さの主観的感覚の個人差に関する検討』、日本人間工学会（2006）
・伊藤亜紗『目の見えない人は世界をどう見ているのか』、光文社（2015）
・阿見彌典子『ブラインドケーブカラシン』、比較内分泌学（2019）
・二橋亮、他,Molecular basis of wax-based color change and UV reflection in dragonflies. eLife (2019)
・Benjamin A. Palmer,The image-forming mirror in the eye of the scallop. Science (2017)
・Vladimiros Thoma, et al, Functional dissociation in sweet taste receptor neurons between and within taste organs of Drosophila.Nature Communications (2016)
・Caro T, et al, Benefits of zebra stripes: Behaviour of tabanid flies around zebras and horses. PLoS ONE (2019)
・Thoen, H. H., et al., A different form of color vision in mantis shrimp. Science (2014)
・Tsuyoshi Shimmura, et al, Dynamic plasticity in phototransduction regulates seasonal changes in color perception. Nature Communications (2017)
・Keiichi Kojima, et al., Adaptation of cone pigments found in green rods for scotopic vision through a single amino acid mutation. Proceedings of the National Academy of Science of USA (2017)
・Melin, A.D., et al., Effects of colour vision phenotype on insect capture by a free-ranging population of white-faced capuchins (Cebus capucinus). Animal Behaviour (2007)
・Morrot, G., et al, The color of odors. Brain and Language (2001)

PROFILE

入倉 隆

Takashi Irikura

芝浦工業大學教授。1956 年出生於香川縣。1979 年自早稻田大學理工學部電力工學科畢業。曾於運輸省交通安全公害研究所等處任職。2004 年起擔任目前職位。工學博士。前照明學會副會長。專業是視覺心理及照明環境。著作有《脳にきく色　身体にきく色》（日本經濟新聞出版社）、《視覚と照明》（裳華房）、《照明ハンドブック　第 3 版》（オーム社）等。

國家圖書館出版品預行編目（CIP）資料

眼睛的不可思議：解密眼睛結構與光線，一窺讓你意想不到的視覺奇蹟！／入倉隆著；黃詩婷譯. -- 初版. -- 臺中市：晨星出版有限公司，2025.04
216 面；22.5 × 16 公分. --（知的！；213）
譯自：奇想天外な目と光のはなし

ISBN 978-626-420-068-4（平裝）

1.CST: 視覺生理 2.CST: 文化人類學

398.291　　114001125

知的！213

眼睛的不可思議
解密眼睛結構與光線，一窺讓你意想不到的視覺奇蹟！
奇想天外な目と光のはなし

歡迎掃描QR CODE，
填線上回函。

作者	入倉隆
插圖設計	安賀裕子
譯者	黃詩婷
編輯	陳詠俞
封面設計	水青子
內頁設計	黃偵瑜
創辦人	陳銘民
發行所	晨星出版有限公司 407台中市西屯區工業區30路1號1樓 TEL:（04）23595820　FAX:（04）23550581 E-mail:service@morningstar.com.tw http://www.morningstar.com.tw 行政院新聞局局版台業字第2500號
法律顧問	陳思成律師
初版	西元2025年04月15日　初版1刷
讀者服務專線	TEL:（02）23672044 /（04）23595819#212
讀者傳真專線	FAX:（02）23635741 /（04）23595493
讀者專用信箱	service@morningstar.com.tw
網路書店	http://www.morningstar.com.tw
郵政劃撥	15060393（知己圖書股份有限公司）
印刷	上好印刷股份有限公司

定價400元

ISBN 978-626-420-068-4
KISOTENGAI NA ME TO HIKARI NO HANASHI